前沿规划理论研究丛书

特大城市生态空间体系规划与管控研究

Ecological Spatial System Planning and Management Study of Megacity

何梅 汪云 夏巍 李海军 林建伟 编著

中国建筑工业出版社

图书在版编目（CIP）数据

特大城市生态空间体系规划与管控研究/何梅等编著. —北京：中国建筑工业出版社，2009
（前沿规划理论研究丛书）
ISBN 978-7-112-11366-8

Ⅰ.特… Ⅱ.何… Ⅲ.城市环境：生态环境－环境规划－研究 Ⅳ.X321

中国版本图书馆CIP数据核字（2009）第170316号

本书从特大城市生态空间体系规划的内涵解析入手，充分研究国内外城市生态空间规划的理论基础与实践模式，总结了国际上城市生态空间体系规划的研究方法与实践经验。重点以武汉这一具有典型滨江滨湖特色的特大城市生态空间体系保护规划为例，从武汉生态空间体系的现势基础、规划理念、模式选择、空间架构、管控策略与实施机制等方面探讨了在快速城镇化进程中，如何在促进经济社会又好又快发展的前提下，构建一个科学合理的城市生态空间体系，并通过适当的管控策略来保障规划的可操作性。

本书可为城市规划专业人员提供专业性参考，也可为政府相关决策部门提供决策参考。

责任编辑：吴宇江　许顺法
责任设计：张政纲
责任校对：陈　波　刘　钰

前沿规划理论研究丛书
特大城市生态空间体系规划与管控研究
何梅　汪云　夏巍　李海军　林建伟　编著
*
中国建筑工业出版社出版、发行（北京西郊百万庄）
各地新华书店、建筑书店经销
北京图文天地制版印刷有限公司制版
北京建筑工业印刷厂印刷
*
开本：880×1230毫米　1/16　印张：13 1/4　字数：424 千字
2010年6月第一版　2010年6月第一次印刷
定价：75.00元
ISBN 978-7-112-11366-8
（18629）

版权所有　翻印必究
如有印装质量问题，可寄本社退换
（邮政编码 100037）

《前沿规划理论研究丛书》编写委员会

学术委员会： 张文彤　何　艳　盛洪涛　刘奇志　马文涵　刘锦智
　　　　　　　袁海军　张庭伟　李百浩　黄亚平　余柏椿　洪亮平

编委会主任： 吴之凌

编委会副主任： 于一丁　胡忆东　陈　韦　张晓达　何　梅　李奇彬

编　　　委： 童建平　孙　昆　匡细运　徐拥军　汪　勰　胡跃平
　　　　　　　程明华　肖志中　叶　青　黄　焕　吴志华　宋　洁
　　　　　　　穆　霖　武　洁　陈志宇

主　　　编： 吴之凌

副　主　编： 胡忆东

编　　　辑： 汪　勰　宋中英　何灵聪　方　可

前 言

过去的30年，中国改革开放锐意发展，在全球化的大背景下，政治、经济、社会各方面正以惊人的速度向前推进。截至2008年末，中国城镇化率达到45.8%，按照美国经济学家、诺贝尔奖获得者约瑟夫·斯蒂格利茨（Joseph Stiglitz）的城镇化理论，这个数据标志着中国进入了快速城镇化的进程。中国的一大批中心城市，无不是城市人口急剧膨胀，城镇空间急剧扩张，带着未及擦拭的仆仆风尘，一路向21世纪奔来。

武汉，正如前述中的其他城市一样，不可避免地涌入这股急速城镇化的洪流，并且由于其优越的经济地理区位，在1996~2006这十年的时间，城市规模几乎以每年10余万人、10余 km^2 的速度增长，城市首位度一度达到8之高，缔造了其雄踞长江中游地区"一城独大"的城市格局。据北京大学、华中师范大学、中南财经大学等多所高等院校分别从不同角度的研究预测，至2020年，武汉的城镇人口和拓展规模仍将会以这样的平均速度增长，武汉将成为城镇人口近1000万人、城镇建设用地规模逾1000余 km^2 的超级巨型城市。这也是未来中国最重要的若干区域性中心城市可能面临的普遍格局。

未来20年，我们的超级城市将会不断发展形成她们最终的城市空间格局。成长中的城市，正如成长中的孩子，其发展进程不会因为我们经验不足而驻足等待，这一时期，这些城市树立怎样的空间发展目标，构建怎样的空间结构模式，遵循怎样的空间拓展秩序，决定了未来这些城市最终的城市空间格局和环境品质。这也就决定了未来中国总体的城市空间结构的质量水平。

自2004至2009年的今天，我们这个团队参与了武汉市城市总体规划、武汉市生态空间体系保护规划、武汉近郊区新城组群分区规划等一系列法定规划的编制工作。这些规划项目均不约而同地涉及同一个对于武汉城市空间格局而言生死攸关的问题，这就是在武汉城市空间结构中，如何确定生态空间体系的保护和控制问题。这个问题的意义显而易见，一方面是在城市地域内保留一定规模的自然生态空间，对于维护城市生态安全和生态环境质量具有决定性的作用；另一方面是控制城市的无序蔓延，通过对生态空间的控制和保护，对城市建设区的发展有一个反向的约束和引导，使其能够相对聚集在一个集中的地域空间内发展，从而实现土地利用的集约效应。

城市生态空间的保护和控制,对于城市格局的重要程度不言而喻,然而在该类规划的编制和管理实施的过程中所遭遇的难度也同样的等量齐观。其艰难之处一方面在于,在快速城镇化的洪流中,城市空间发展的秩序面临多元化利益的冲击,使得生态空间经常性地处于发展失控和管理被动的局面;另一方面,城市空间蔓延的趋势难以抗拒,受限于当前中国大多数城市的经济发展水平,城市建设区有组织的拓展较之无序的蔓延,需要更大的管理能力和管理成本。

从当前中国已经进行或正在进行生态空间体系相关规划和研究的城市可以看到,她们基本都属于城市空间增长最为激烈,城市生态空间保护压力最大的城市。本书成书的目的,就是期望在一个急速城镇化的时期,站在城乡空间统筹规划的角度,从如何科学合理地构建城市空间体系入手,研究并探索生态空间体系的规划、保护以及实施管理的策略,以期控制城市空间无序增长,推进土地高效利用,维护城市生态安全,为城市空间可持续发展探索一条有益的路径。

全书分为上、下两篇。上篇主要是理论总结和案例分析,回顾了生态空间体系规划研究的时代背景,剖析了城市生态空间体系规划的内涵,梳理了相关理论基础,并通过大量国内外典型城市相关实践的案例研究,提出了城市生态空间体系规划的基本模式与研究方法。下篇主要是结合武汉市生态空间体系保护规划的编制和规划管理的具体实践,阐述了武汉市生态空间体系保护规划的理念、目标和指标体系,介绍了武汉市生态空间体系的结构模式和功能布局,并对相应的空间管控策略和相关政策体系、实施机制进行了深入的探讨。全书较系统地对生态空间体系规划整体技术流程中的各个环节进行了较为详尽的论述,尤以生态空间体系的规划构建及管控导引策略为关键进行了重点研究,期望能为各大城市生态空间体系规划的相关工作提供有益的借鉴。

本书的主要特点是理论研究与实证研究的有机结合,以武汉的实际经验探讨了一条如何在快速城镇化进程中守住城市发展"底线",实现真正意义上的城市可持续发展的道路。

由于撰稿时间紧迫,加之作者工作阅历和实践经验的不足等诸多因素,很多设想和研究思路难以全面完成,书中错误和疏漏之处也在所难免,敬请各位专家同仁不吝批评指正。

目 录

前 言

上篇　理论篇 1

第一章　绪　论 2

第一节　城市生态空间体系规划研究的时代背景 2
　　一、快速城镇化时代及其影响 2
　　二、可持续发展时代及其要求 8
　　三、当前城乡规划和空间发展的主要理念及策略 10

第二节　城市生态空间体系规划研究的目标和意义 13
　　一、规划研究的定位 13
　　二、规划研究的主要目标 14
　　三、规划研究的主要任务 14
　　四、规划研究的重要意义 15

第二章　城市生态空间体系规划的内涵解析 17

第一节　城市生态系统的概念及特征 17
　　一、城市生态系统的概念 17
　　二、城市生态系统的特征 18

第二节　城市生态系统的空间构成要素 19
　　一、城市土壤 20
　　二、城市水体 20
　　三、城市植被 21

第三节　城市生态空间体系的用地构成 21
　　一、城市绿地 22
　　二、生态保育用地 23
　　三、景观游憩用地 23

  四、农业用地 23

第四节　城市生态空间体系规划的内涵 23
  一、城市生态空间体系规划的概念 23
  二、城市生态空间体系规划与其他规划的关联 24
  三、特大城市生态空间体系的主要特征 25
  四、特大城市生态空间体系规划的主要内容和原则 27

第三章　城市生态空间体系规划的理论基础 29

第一节　国外城市生态空间规划的理论研究 29
  一、思想萌芽阶段 29
  二、探索发展阶段 33
  三、蓬勃兴盛阶段 41

第二节　国内城市生态空间规划的理论研究 44
  一、中国古代的生态学思想 44
  二、中国近现代城市生态空间规划理论的发展 45

第三节　国内外理论研究综述 47
  一、国内外理论研究的共性基础 48
  二、当前存在的主要问题 49
  三、规划应注重的主要问题 50

第四章　国内外特大城市生态空间规划的实践与模式研究 51

第一节　国外特大城市生态空间规划与建设 51
  一、大伦敦环城绿带 51
  二、巴黎区域环城绿带 53
  三、莫斯科绿色城市 56
  四、大波士顿区域公园系统 58
  五、大芝加哥都市区区域框架规划 60
  六、东京公园绿地 62

第二节　国内特大城市生态空间规划与建设 64
  一、北京绿地系统与限建区规划 64
  二、上海绿地系统规划 66

三、深圳基本生态控制线规划 69
　　四、广州生态城市规划 71
　　五、杭州生态带规划 75
　　六、成都非建设用地规划 77

第三节　国内外特大城市生态空间体系的模式总结 79
　　一、"绿环"模式 79
　　二、"绿心"模式 80
　　三、"绿楔"模式 81
　　四、"绿网"模式 81

第五章　特大城市生态空间体系规划的研究方法 83

第一节　特大城市生态空间体系的规划要点 83
　　一、规划的基本前提 83
　　二、规划的侧重点 83

第二节　特大城市生态空间体系规划的编制方法 85
　　一、基础研究方法 85
　　二、城市生态承载力的评价方法 85
　　三、基本编制程序 89

下篇　实践篇 93

第六章　武汉市生态空间体系保护规划的背景与现势基础 94

第一节　规划背景 94
　　一、武汉城市概况 94
　　二、规划编制背景 97
　　三、规划编制思路 101

第二节　武汉市生态资源解读 102
　　一、生态资源条件 102
　　二、生态资源的主要特征分析 107

第三节　武汉市空间形态演变 111
　　一、沿江发展阶段 112

二、轴向拓展阶段 112
　　三、填充蔓延阶段 113

第四节　武汉市生态空间体系的问题剖析 114
　　一、生态要素保护压力增大 114
　　二、生态空间利用矛盾突出 117
　　三、生态空间管控体系薄弱 118

第五节　武汉市生态条件综合评估 119
　　一、生态足迹分析 119
　　二、生态承载力分析 123
　　三、用地适宜性评价 124

第七章　武汉市生态空间体系保护规划的理念与指标体系 ... 127

第一节　规划理念与目标 127
　　一、规划理念与主要任务 127
　　二、指导思想与原则 131
　　三、规划目标 132

第二节　武汉市生态城市建设指标体系研究 132
　　一、生态城市的概念 132
　　二、生态城市指标体系分析 133
　　三、武汉市生态城市建设参考指标体系构建 137

第三节　武汉市生态用地总量测算 139
　　一、市域生态用地比重测算 139
　　二、都市发展区生态用地比重测算 141

第八章　武汉市生态空间体系的构建 144

第一节　武汉市生态空间架构与功能布局 144
　　一、生态空间的体系架构 144
　　二、生态空间的功能布局 147
　　三、生态空间的区域统筹 150

第二节　武汉市禁限建分区划定 152
　　一、禁限建分区的界定 152

二、禁建区的划定 154
　　三、限建区的划定 166
　　四、适建区的划定 166
　　五、市域禁限建分区的衔接 168

第九章　武汉市生态空间的管控策略 170

第一节　武汉市禁建区控制指引 170
　　一、项目准入原则 170
　　二、产业结构调整策略 172
　　三、村镇建设策略 172

第二节　武汉市限建区控制指引 173
　　一、项目准入原则 173
　　二、建设强度控制 174
　　三、产业结构调整策略 174
　　四、村镇建设策略 175

第三节　武汉市适建区控制指引 175
　　一、城镇建设区控制指引 175
　　二、其他适建区控制指引 175

第四节　武汉市生态空间体系控制指引 176
　　一、生态绿楔控制指引 176
　　二、两轴、两环控制指引 178

第十章　武汉市生态空间保护的实施机制 180

第一节　实施保障机制研究 180
　　一、建立生态控制线管理制度 180
　　二、建立生态补偿机制 181
　　三、促进生态社区建设 185
　　四、建立公众参与制度 187
　　五、立法保障 188
　　六、建立动态监督机制 188

第二节　相关程序设定 189
　　一、规划编制审批程序 189

  二、规划调整程序 189
  三、建设项目准入程序 190

结　语 191

参考文献 192

后　记 200

Ecological Spatial System Planning and Management Study Of Megacity

上篇 **理论篇**

第一章 绪 论

城市的发展与急剧膨胀带来一系列的生态环境问题，城镇化发展与有限的资源承载力、脆弱的生态环境间的矛盾愈来愈突出，城市生态空间体系规划也愈来愈体现出对协调社会经济发展与生态环境保护的重要作用。立足于城乡空间的统筹发展，科学构建城市生态空间体系，制定相应的空间管控政策与实施管理机制，是有效引导城镇化进程，控制城市空间无序增长，促进土地高效利用，维护城市生态安全，推进城市可持续发展的有效途径。

第一节 城市生态空间体系规划研究的时代背景

一、快速城镇化时代及其影响

1. 世界进入城市时代

自18世纪中叶到20世纪初以来，发达国家为城镇化的主体，第二次世界大战以后，发展中国家相继加快了城镇化的进程。联合国《世界城镇化展望》指出，1970年以来，发展中国家城镇人口的总量和增量比重超过了发达国家，成为世界城镇化发展的主要因素。2007年，世界城镇化水平超过了50%，人类进入了城市时代。

美国城市地理学家诺瑟姆（R.M.Northam）研究提出了城镇化发展的三个基本阶段。初期阶段，工农业生产水平较低，工业能够提供的就业机会和农业能够释放的剩余劳动力有限，城镇化发展进程缓慢。中期阶段，工业基础逐渐雄厚，农业劳动生产率大幅提高，工业快速发展能够为大批农业剩余劳动力提供就业机会，城镇化进入加速发展阶段。后期阶段，农业人口比重已经不大，农业生产必须维持社会需要的规模，城镇化发展又趋于平缓，经济发展的主要特征是从工业经济向服务经济转变，提升质量成为城镇化发展的主要特征。

城镇化发展还显示出后发加速的特征。对于城镇化发展规律的不断总结对城镇化的加速发展产生了积极作用。同时，新技术的应用越来越广，一些城市和地区在后期能够借助最新的科学技术，在更短的时期内实现工业化，导致了城镇化的后发加速现象。

2. 中国进入快速城镇化进程

按照诺瑟姆的S型曲线，城镇化水平在30%～70%之间是城镇化加速发展阶段。《中国城市发展报告（2008）》显示，中国城镇化率由2000年的36%提高到2008年的45.8%，每年按照约1.2个百分点的速度增长，正处于加速发展时期（图1-1）。

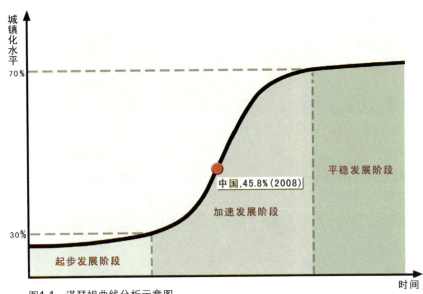

图1-1 诺瑟姆曲线分析示意图
资料来源：根据中国城市发展报告（2008）数据绘制。

城镇化率从20%提高到40%这一过程，英国经历了120年，法国经历了100年，德国经历了80年，美国经历了40年，而中国仅用了22年。中国的城镇化已进入美国著名学者刘易斯·芒福德（L. Mumford）所说的"十分难得的城市黄金时代"。

城镇化能够吸纳大量的农村剩余劳动力。人多地少是我国的基本国情，我国土地资源极为紧缺，人均耕地仅1.16亩，只及世界平均水平的20%，因此必然出现大量农村剩余劳动力，而城镇的基础建设、工业生产、商品运输交易及公共服务等皆需劳动力，特别是劳动密集型的工业和服务业，能为农村剩余劳动力提供更多就业岗位。

城镇化能够发挥土地空间的集约效应。工业化需要产业集中发展，集中配置相应的交通物流、居住生活、服务配套、市政基础设施等，形成土地和空间使用的集约效应。在土地资源有限的国家，这种城市功能和人口的高度集聚对于环境空间资源的保护是非常必要的。例如日本，其全国的人口高度集中在东海岸一带的城市圈中，使得占日本国土面积2/3的森林资源得到了保护。目前，我国农村居民点布局分散，浪费了宝贵的土地资源，农村入城务工人口"进城不离乡"，既在打工的城市占用一份城市空间资源，也由于户籍制度等多方面的原因，仍然保留着农村宅基地的用地指标，造成每个农村进城务工人员占有双份用地空间的现实。在城镇化加速发展、城市规模急速扩张的同时，我国农村宅基地的发展步伐并没有停止，其分布的密度和强度都令人震惊。从罗志刚（2008）对同等空间尺度下美国农村和中国农村的航片图比较中可以看到，中国农村的土地使用是极其浪费和不集约的（图1-2）。

城镇化能够促进生态空间资源和环境的保护。各个国家的城市由于人口和工业的高度集聚，使得城市空气、河流污染十分严重，人们简单地把这些环境问题归咎于城镇化，认为是城镇化的恶果之一。但实际上，城市企业集中发展，集中采用先进的工艺技术，集中治理环境污染，对环境的损害往往比工艺落后、布局分散的村镇企业要小得多，我国20世纪90年代那种"村村冒火、处处点烟"的零散的工业化模式，造成大面积的污染，至今积重难返，正是由于城镇化发展滞后带来的环境代价。

图1-2 中美农业地区空间形态比较图（左为中国河南新乡西部农业地区，右为美国底特律市西南农业地区）
资料来源：罗志刚. 全国城镇体系、主体功能区与"国际空间系统". 城市规划学刊，2008（3）：7。

3. 城乡空间关系始终是城镇化进程中的主要矛盾

北京大学周一星教授和同济大学唐子来教授对城镇化的发展趋势作过深入的研究，从他们对美国、日韩、拉美等多个国家的城镇化发展模式的总结中可以看到，各国的城镇化进程中，城乡空间关系处理是否得当，城市空间发展模式是否合理，关系到城镇化的成功与否，城乡空间关系始终是城镇化进程中的主要矛盾。

根据他们的研究，城镇化在空间形态上主要呈现出三种典型的模式：美国城镇化模式，在城市空间形态上呈现低密度蔓延式扩展，在资源和环境上付出巨大代价；拉美国家过度城镇化模式，由于缺乏产业支撑，引发了一系列公共环境问题；日韩城镇化发展模式，过度聚集发展，造成了较大的区域和城乡差距。

美国的城镇化发展至20世纪40年代后，随着经济的发展和汽车的普及，许多城镇人口移居到郊区，城市空间结构发生显著变化，由最初的紧凑和密集结构向多中心分散结构转变，在空间格局上表现为城市沿公路线不断向外低密度蔓延。低密度的蔓延式发展降低了人口密度，缩小了城市与乡村的发展差距，同时也带来诸多问题，包括大量森林、农田、空地被占用，造成土地资源的浪费和生态环境的破坏；工作地与居住地的距离越来越远，在耗费通勤时间的同时，大幅度提高了能源消耗；新居住区过于分散，商业服务、文化教育等设施难以配套，也加大了基础设施建设的成本。

拉美国家城镇化的快速发展起源于20世纪50年代。战后拉美国家加快了重工业的发展，而且资本密集型的工业集中布局于几个大城市，国家的城市建设投入也集中于这些大城市，同时农村的衰落致使大量农业人口涌向仅有的几个大城市。至20世纪70年代，大城市的人口每10年就翻一番，而城市的重工业基础缺乏吸纳这些人口的能力，造成了城市的严重贫困化，从而出现"过度城镇化"现象。

日本政府根据人多地少和资源匮乏的国情，提出以大都市为核心的空间集聚模式，期望实现资源配置的集聚效应和跨越式的经济腾飞。1950~1990年间，东京、京（都）（大）阪神（户）和名古屋三大都市圈的人口占全国总人口的比重从38%上升到51%。尽管大都市圈的发展在日本经济发展中发挥了极其重要的推动作用，但人口和产业的过度集聚也造成三大都市圈的房地产价格飞涨，最终酿成泡沫经济。韩国的发展与日本较为类似，在城镇化初期，主要在首尔地区集聚发展，忽视了农村地区的发展，导致城乡差距不断扩大。因此20世纪70年代后，韩国政府不得不开展了"新农村运动"和《国土综合开发规划》，以消除城乡之间的发展差距，改善区域发展的不均衡状态。

目前，我国的城镇化进程，同样也在空间发展上显现出较大的矛盾和问题。

（1）城市空间无序蔓延

在快速城镇化的背景下，我国特大城市空间发展呈现出蔓延的趋向。近20年来，我国一批特大城市空间扩张速度已经远超过历史上纽约、东京与伦敦在工业化时期城市空间的扩张速度，如北京、上海、武汉、苏州等城市建成区的规模在这一时期均呈高速增长的态势

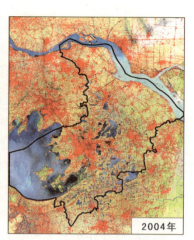

图1-3　苏州地区1986年至2004年的红外照片对比示意图
资料来源：陈秉钊．城市，紧凑而生态．城市规划学刊，2008（3）：29。

（图1-3）。从对武汉市1990年和2000年人口密度分布以及20世纪90年代人口增长率、2000年外来人口数量分析可以看出，10年时间内，城市人口在城市中心地区和边缘地区均有大规模的增长（图1-4～图1-6）。如此强劲与快速的城市空间扩张和人口聚集，必然对原有城市空间格局产生结构性的影响，进而威胁到城市周边自然区域与传统社会结构的生存与发展。

目前，这些城市空间扩张的用地主要有两大类，一类是由政府主导的经济开发区、工业园区、重大项目等，另一类则是市场主导跟进的房地产及商业服务项目等。在激烈的城市竞争背景下，部分项目选址定点比较仓促，有的是以自然生态资源为导向选址，有的是以土地资源为导向选址，有的是以交通为导向选址，对城市的长远利益有时难以顾及，空间上缺乏有序的引导和控制，交通和市政基础设施配套严重滞后，带来土地空间的蔓延式开发与低效率利用，导致了城市蔓延式扩张，对形成完善的城市空间功能结构造成较大影响。我国特大城市空间扩张的模式和结构呈现出与美国的城市蔓延所不同的特征、方式和途径。美国城市蔓延侧重于"交通导向"、居住先行与市场主导的模式。而我国特大城市空间蔓延则比较多地侧重于"土地导向"和"资源导向"，在城市边缘"摊大饼"似的发展。从武汉市南部某城市近郊区的卫星影像图可以看到，城市空间的扩张呈拼贴的状态向外蔓延（图1-7）。

造成空间蔓延的原因，除了城镇化快速发展的阶段性因素之外，从产业发展来看，特大城市通过城市之间的竞争吸引项目入驻，项目竞争主要集中在以出口为导向的制造业等项目。在GDP的增长作为地方政府政绩的重要标志的前提下，地方政府很容易通过扩大土地空间的方式刺激经济增长，导致城市郊区迅猛发展。

从财政体制来看，当前我国的城市财政体现出比较突出的"土地财政"特点，土地出让成为地方政府最主要的、可以支配的财政收入之一。因而，在相关制度约束不到位的情况下，地方政府出让土地的动力充足。

从管理体制来看，特大城市空间扩张缺乏法规制度的约束。目前在城市增长边界的划定

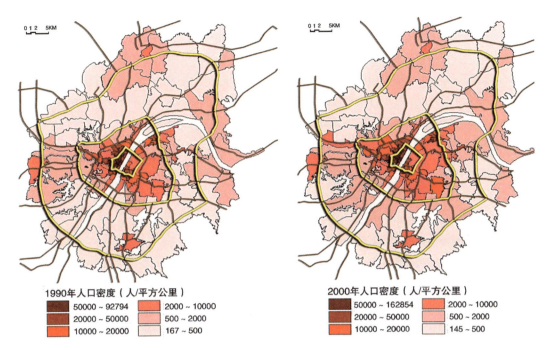

图1-4 武汉市1990年和2000年人口密度分析示意图
资料来源：周一星等，武汉市人口规模预测及人口构成分析研究，武汉城市总体规划专题研究，北京大学，2005。

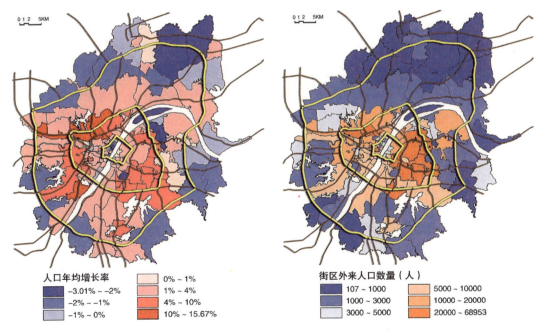

图1-5 武汉市20世纪90年代人口增长率分析示意图　　图1-6 武汉市2000年外来人口数量分析示意图
资料来源：周一星等，武汉市人口规模预测及人口构成分析研究，武汉城市总体规划专题研究，北京大学，2005。

和管制方面均缺乏比较刚性的法规制度。例如，国家在非城市建设用地的管控方面，只对水源地的保护和基本农田的保护具备一定的管理机制，而对于其他一系列的非建设用地还未进一步形成十分明确的管理机制。此外，公共财政制度对地区之间经济发展和生态补偿的长效机制也尚未形成。

（2）城市空间和功能结构遭到破坏

城市的蔓延往往会对城市空间结构造成一定程度的破坏。从城市空间内部结构来看，城郊的大规模开发往往功能比较单一，使得城市的工业、商业与居住空间无法得到

图1-7　武汉市某区城市边缘用地空间增长示意图
资料来源：根据 Google earth 绘制。

有机配合与衔接。因而，居民对城市中心的依赖并没有完全解除，频繁地往返于中心城区与城郊之间，增加了交通出行的需求，居民工作与生活依赖汽车导致能源耗费巨大、环境污染加重。

由于内部结构的不合理，城市空间只能寻求以扩张的方式来解决其内在的矛盾和冲突。但是，城市蔓延并不能从根本上解决空间内部矛盾，城市空间无法通过蔓延的方式满足居民生活与经济生产的空间需求，反而因为"摊大饼"进一步激化空间结构矛盾与社会冲突，造就新一轮的蔓延，从而形成城市蔓延的恶性循环。

（3）生态空间资源遭到侵蚀，生态环境质量趋于恶化

城市蔓延使得城市生态环境保护的压力剧增。城市规模的迅速拓展与经济增长的片面要求，使得山边水边等景观优质而生态敏感性最强的区域往往成为建设开发的首选地。山体植被被破坏、亲水岸线被侵占的现象在城市近郊区时有发生，生物生存环境遭受破坏，城市区域性生态资源的保护也面临着前所未有的压力。城市空间拓展过快，基础设施配套建设却相对滞后，尤其是污水处理系统建设常常滞后，往往是造成水体污染的主要原因。

二、可持续发展时代及其要求

1987年联合国环境与发展委员会在《我们共同的未来》一书中提出了"可持续发展"的命题，即"既满足当代人需要，又不对后代人满足其需要的能力构成危害的发展"。1992年世界环境与发展大会通过《21世纪议程》，1996年联合国第二届人类住区大会通过《伊斯坦布尔宣言》和《人居议程》，可持续发展逐步成为时代发展的最强音。

1．可持续发展的内涵

可持续发展的要义：一是要满足当代人的需要，尤其是满足世界上贫穷人的基本需要，

强调人类在追求健康富有生活的权利时应当与自然相和谐，而不应采取耗竭资源、破坏生态平衡和污染环境的方式去追求发展；二是不能损害后代人发展的权利和需要。

可持续发展所要实现的是一个整体目标，即在时间上不断满足当代和后代的生存需要，实现人类及其文明的延续；在空间上经济不断发展，资源永续利用。

2．可持续发展时代的要求

（1）由工业文明向生态文明转变

20世纪60年代开始，全球范围内开始了对工业革命带来的工业文明的反思。人类社会经历了石器时代采集渔猎的原始文明阶段，铁器时代农耕生产的农业文明阶段，直到200多年前，工业革命席卷西方世界，迅速成为占据支配地位的文明形态。

工业文明以人类征服自然为主要特征，在为人类带来空前的物质财富的同时，其建立在资源、能源大规模消耗基础上的发展模式，也带来一系列的环境污染和生态破坏，使得地球环境难以支持工业文明的继续发展，需要开创一个新的文明形态来延续人类的生存，这就是生态文明。

生态文明是人类文明的一种形态，它以尊重和维护生态环境为主要目标，以未来人类的可持续发展为着眼点，强调人与自然环境的相互依存、相互促进、共处共融。生态文明同以往的农业文明、工业文明具有相同点，那就是它们都主张在改造自然的过程中发展物质生产力，不断提高人的物质生活水平。但它们之间也有着明显的不同点，即生态文明突出生态的重要性，强调尊重和保护环境，强调人类在改造自然的同时必须尊重和爱护自然，而不能盲目蛮干，为所欲为。

生态文明相较于工业文明，首先是在伦理价值观上的改变，生态文明认为，不仅人是主体，自然也是主体，不仅人有价值，自然也有价值，所有生命都依靠自然，因而人类要尊重生命和自然界，与其他生命共享一个地球；其次是在生产和生活方式上的改变，生态文明致力于构造一个以环境资源承载力为基础，以自然规律为准则，以可持续社会经济文化政策为手段的环境友好型社会，实现经济、社会、环境的共赢。

生态文明的原则是优先保护自然生态系统，维护生态平衡，从城市空间发展的角度来看即是"生态空间优先"，维系生态空间系统的完整性。因此，人类的活动范围应该有个限制，尤其是工业化足迹不能随意进入自然生态区，包括森、林主要湿地草原、生态的乡村山野地区，乃至城市边缘半人工化风景旅游区、公园绿化区等等。

（2）经济增长模式向低碳化转变

实现可持续发展是人类社会的共同要求，也是世界各国各地区发展的共同战略。就我国当前形势来说，实现可持续发展的根本途径是要实现经济增长方式向低碳化转变。传统粗放型经济增长模式是"资源、产品、废弃物"的单向直线发展模式，它意味着创造的财富越多，消耗的资源就越多。这种增长模式削弱了生态恢复的能力，造成资源浪费、生态破坏，给后代人的生存和发展带来极大的隐患。

低碳型的增长模式是以低能耗、低污染、低排放为基础的经济模式，以提高质量效益为中心，以节约资源、保护环境为目标，以尽可能小的资源和能源消耗，获得尽可能大的经济效益和社会效益，形成低投入、高产出、少排污、可循环的发展模式，使经济系统与自然生态系统相互和谐，从而促进资源的永续利用，实现经济发展与资源环境保护的双赢。

低碳城市（Low-carbon City）则是以低碳经济为发展模式及方向，市民以低碳生活为理念和行为特征。低碳城市目前已成为世界各地城市发展的共同追求，一大批国际大都市都以建设发展低碳城市为目标，关注和重视在经济发展过程中的代价最小化以及人与自然的和谐相处。

（3）城市空间发展由"分散式"向"集约式"转变

城市空间形态与可持续发展之间的关系是当前国际环境研究领域最热点的议题之一。城市空间的分散式发展和集约式发展，一直是西方规划界反复争议和讨论的问题，但是，从中国当前人多地少的实际情况来看，采取集约式的空间拓展模式是必然的选择。分散式的空间拓展模式更多地依赖小汽车而非公共交通系统出行，会加大交通和市政基础设施的投入，以当前多数地方政府的财力难以支撑如此大规模的经济投入。同时，分散式的发展容易对自然环境资源造成影响和破坏，也与当前多数地方政府的管控能力不相匹配。而集约式的空间发展能够充分发挥交通设施和给排水、电力、电信等市政基础设施的集约效应，降低开发建设的基本成本。同时，集约化的空间发展也有利于商业、文化娱乐、教育和社区服务等公共设施的集中安排和布局，创造多元化服务的选择，提高人们的生活质量。

三、当前城乡规划和空间发展的主要理念及策略

1. 紧凑城市作为一种发展模式和理念

城市形态和可持续发展之间的关系一直是国内外城市规划领域的重点问题，其中，欧美学者所推崇的高密度、功能混合、公交导向的紧凑城市理论引起了人们的广泛关注。紧凑城市理论是针对西方城市郊区蔓延和边缘城市发展中的问题提出的，紧凑的城市形态可以有效遏制城市蔓延，保护郊区开敞空间，减少能源消耗，并为人们创造多样化、充满活力的城市生活。

紧凑城市理论提倡高密度的城市土地利用开发模式，可以在较大程度上抑制城市蔓延，使城市边缘的生态空间免于开发。紧凑的城市形态能够缩短通勤交通的距离，降低人们对小汽车的依赖，鼓励步行和自行车出行，降低能源消耗，减少废气排放。并且，高密度的城市开发利于提高市政基础设施利用效率，发挥规模经济的集约效应。

紧凑城市理论提倡适度混合的城市土地利用和多样化的城市生活，认为将居住用地与工作、休闲娱乐、公共服务等设施用地相混合，可以在更小的范围、更短的通勤距离内提供更多的工作和更多的服务，利于加强人与人之间的联系，创造多样化、充满活力的城市生活。

紧凑城市理论提倡优先发展公共交通，强调要通过创建一个高速、便捷的城市公共交通系统，紧密围绕这个交通系统布局各项城市功能，提供便捷的出行条件，充分发挥交通设施的辐射优势。

2. 生态城市作为一种发展模式和理念

生态城市的理念是人们在寻求城市可持续发展的过程中诞生的，它代表着全球城市的发展方向，生态城市规划可看作是复合生态系统观念在各层次的城市和区域规划中的体现。

20世纪80年代，前苏联生态学家亚尼茨基（O.Yanitsky）第一次提出生态城的思想，他认为生态城是一种理想城市模式，其技术与自然充分结合，人的创造力和生产力得到最大限度的发挥，居民的身心健康和环境质量得到最大限度的保护，物质、能量、信息高效利用，是一种能实现生态良性循环的理想城市环境。

联合国教科文组织的MAB报告（1984）提出生态城规划的五项原则：一是生态保护策略，包括自然保护、动植物区系及资源保护、污染防治；二是生态基础设施建设，包括自然景观和腹地对城市的持久支持能力；三是居民的生活标准；四是文化历史的保护；五是将自然融入城市。

美国生态学家理查德·雷吉斯特（Richard Register）认为，生态健康的城市是紧凑的、充满活力、节能且与自然和谐共存的聚居地。1975年，他牵头成立了"城市生态"（Urban Ecology）组织，这是一个以"重建城市和自然平衡"（Rebuild Cities in Balance with Nature）为目标的非营利性组织，从1990年起，连续4次召开了生态城市国际会议，使得城市生态规划和建设的理念得到进一步发展。第二届和第三届生态城市国际会议提出了指导各国建设生态城市的具体行动计划，即国际生态重建计划。其内容包括：一是重构城市，停止城市的无序蔓延；二是改造传统的村庄、小城镇和农村地区；三是修复自然环境和具生产能力的生产系统；四是根据能源保护和回收垃圾的要求来设计城市；五是建立步行、自行车和公共交通导向的交通体系；六是停止对小汽车交通的各种补贴政策；七是为生态重建努力提供强大的经济鼓励措施；八是为生态开发建立各种层次的政府管理机构。

3. 城市规划编制方法对生态理念的响应

传统的城市规划通常先预测近中远期的城市人口规模，根据国家人均建设用地指标确定用地规模，再依此编制用地布局规划，这一传统工作方法忽视了城市空间环境是一个有机的系统，城市空间和自然空间的连续性和完整性往往得不到保障。

"规划的要意不仅在规划建造的部分，更要千方百计保护好留空的非建设用地。"（吴良镛，2002）。城市的规模和建设用地的功能可以是不断变化的，而由景观中的河流水系、绿地走廊、林地、湿地所构成的生态空间体系则永远为城市所必需，是需要恒久不变的。因此，面对快速的城市扩张，需要反向思维的城市规划方法，即在区域层面首先规划和完善生态空间体系，形成能够高效维护城市生态环境质量、维护生态安全的空间格局，在此基础上再规划布局城市建设用地。如将"城市与环境"比作"图与底"的关系，则传统城市规划理论是先"图"后"底"的工作流程，而反向思维的城市规划理论则是先"底"后"图"的工作流程。

实际上，这样的工作方法早在100多年前就在西方国家得以应用了。从波士顿将公园、林荫道与查尔斯河谷以及沼泽、荒地连接起来形成的"蓝宝石项链"（Walmsley, Anthony,

1988），到美国明尼苏达由政府在郊区尚未被开发时，廉价购买的土地所建立起来的公园系统，这些原来处于郊外的绿地系统而今已成为城市的一部分，成为居民喜爱的活动场所（Zube，1988；Steinitz，2001）。

北京大学俞孔坚教授在《论反规划与城市生态基础设施建设》（2002）一文中提出了"反规划"，其实它是城市规划的一种工作方法，即城市规划应首先从规划和设计非建设用地入手。反规划方法的实质是城市生态空间体系优先，也即是先规划城市生态空间体系，再规划布局城市建设用地。具体而言，就是首先将城市生态空间资源和生态基础设施保护和控制起来，不因城市的发展和扩张而遭到减少和损坏，从而使城市空间实现可持续发展。它的目标和原则包括：维护和强化整体山水格局的连续性；保护和建立多样化的乡土生境系统；维护和恢复河流和海岸的自然形态；保护和恢复湿地系统；将城郊防护林体系与城市绿地系统相结合；建立非机动车绿色通道；建立绿色文化遗产廊道；开放专用绿地；使公园成为城市的生命基质；保护和利用高产农田作为城市的有机组成部分；建立乡土植物苗圃基地。

4．规划编制成果从技术文件向公共政策转变

2008年我国颁布实施了《城乡规划法》，其立法的本意是赋予城乡规划协调城乡空间布局、保护自然资源和历史文化遗产、改善人居环境、促进城乡经济社会环境全面协调可持续发展的职能。相对于1989年颁布的《城市规划法》，新法有几个主要的特点：一是明确了城乡统筹的规划原则，要求"城市规划"向"城乡规划"转型，针对城乡空间发展中建设与保护的主要矛盾，将城市规划的编制对象从城市向城乡范畴拓展，使得"城"和"乡"的空间范畴纳入到一个统一的视野，进行整体的规划考量和布局安排；二是建立了事权清晰的城乡规划体系，确定了以城乡统筹规划、城市总体规划和控制性详细规划为主体的法定规划体系，特别是强调了控制性详细规划作为城乡建设项目审批的法定依据，突出了规划的法律地位；三是突出了规划的权威性，强化了城乡规划编制和管理的法定程序，明确经依法批准的规划是城乡建设和管理的依据，未经法定程序不得修改。同时，新法也加强了规划编制过程中编制程序的法定性要求，例如对公众监督和公众参与等作出了明确的规定。在此背景下，城乡规划作为公共政策的本质得到充分体现，这就要求城乡规划能够充分发挥统筹协调和综合调控作用，引导城镇化健康发展、促进城乡经济社会可持续发展。

城乡规划法的颁布，明确了法定规划作为城乡建设管理依据的法律地位，这就要求城乡规划由技术方案转型为城市空间管控的公共政策。传统的城市规划，其规划内容相当于一个地区的建设布局安排，是一个地区的建设蓝图，规划成果也以各项功能的布局安排为主导，反映在城市规划管理上，也就自然形成了规划是城市建设的技术引导，按图建设的模式。此外，当时国家在计划经济背景下每年按照计划统筹安排建设资金进行建设，建设时序也是可以预知的，这种模式是基本合理可行的。但在当前市场经济的背景下，这种模式显现出较强的不适应性；主要原因是市场经济的特点是利益主体的多元化，相应地带来建设主体的多元化，以及建设时序的难以预测和控制。城市规划管理在此基础上，需要由以往的规划技术引导建设的模式，转化为空间发展管控的模式，通过确定一系列空间发展的原则性要求，对各项开发建设行为进行积极的引导和控制。

第二节 城市生态空间体系规划研究的目标和意义

一、规划研究的定位

急速城镇化进程中的城市蔓延扩张等问题，给城市空间的有序拓展带来内外交错的压力，最显著的问题就是城市生态空间不断遭到侵蚀，生态空间体系不断遭到破坏，城市生态系统丧失赖以依附的空间，进而丧失城市空间体系的合理性。随着可持续发展、生态文明和城市规划法制化进程的加快，国内的规划行业相应出现了各种类型的生态规划来因应这样一个大的发展趋势和时代要求。

例如以沈清基编著的《城市生态与城市环境》（1998）一书为代表，提出了城市生态规划的概念，认为生态规划是一个全面的、涉及城市生态系统方方面面的规划，不仅涉及生态空间的保护和控制，还涉及生态要素的综合保护、生态环境的污染治理等一系列生态保护问题。主要原则是保护人类健康，保护自然系统的生物完整性，对土地资源、水资源等进行最佳利用，使人类环境质量不断改善。沈清基提出的城市生态规划的概念及体系，所涉及的内容十分全面。

以杨志峰、何孟常、毛显强等所著的《城市生态可持续发展规划》（2005）一书为代表，提出了生态可持续发展规划的概念，其规划内容侧重于在生态评价分析的基础上，对森林、土地、绿地系统等生态空间和资源的保护，并基于城市生态安全格局的维护，提出了一系列生态系统管育的对策。

以毕凌岚所著的《城市生态系统空间形态与规划》（2007）一书为代表，提出了城市生态系统空间形态规划的概念，其内容主要侧重于城市生态系统物质空间的体系构建，对生态空间的管控和实施尚未深层次地涉及。

以张浪所著的《特大城市绿地系统布局结构及其构建研究》（2009）一书为代表，提出了生态绿地系统规划的进化论，通过城市绿地系统的进化、动力机制的进化、公共政策的进化、城乡关系的进化、生态绿地功能的进化等多个方面，来全面提升生态绿地系统的职能，达到保护城市生态空间的目的。这一类型主要侧重于园林、绿化、生态空间资源的体系构建问题，对于空间管控和规划实施等问题则未予深层次探讨。

综上所述，以上各类相关的规划研究涉及城市生态环境这个巨系统的各个方面，从不同的角度和方面均做出了极其重要的探索。但是，既有的相关研究对城镇化进程中城市空间蔓延，城市生态空间不断遭受侵蚀的深层次动因，特别是在生态空间体系构建的科学性、生态空间管控和政策制定等方面，还缺乏具有较强针对性的研究。我们认为，在急速城镇化背景下，城镇空间拓展中的主要矛盾是生态空间体系构建和管控政策的制定问题，因此本书结合《武汉市生态空间体系保护规划》的实践，针对当下城市空间拓展，尤其是生态空间保护的主要矛盾，探索了科学合理地构建特大城市生态空间体系的路径，同时也针对空间管控的难度和具体需要，提出了一系列生态空间管控的实施性政策，并在近年武汉市的规划管理中取得了较好的实践成果。

二、规划研究的主要目标

1. 构建人地和谐的空间发展格局

致力于城市与自然环境的和谐共处。城市生态空间体系是城市整体空间架构中的一个重要组成部分，是与城市建设功能结构相辅相成、互为图底的重要因素。生态空间体系的完善性，将对整个城市空间体系的功能发挥产生重要影响，因此，城市生态空间体系规划研究的目标，就是要深入地研究城市社会经济发展如何与自然环境相适应，土地利用类型与利用强度如何与生态环境条件相适应，进而促进城市建设空间与生态空间的有机协调，确保城市空间的生态质量，形成人与自然和谐共处的空间格局。

2. 构建城乡一体的空间管控体系

致力于城市与乡村发展的同步化。城市的发展离不开一定的区域背景，城市生态系统更与区域生态系统息息相关，密不可分，城市生态系统的稳定性，也取决于区域整体生态环境的稳定性。孤立地保护一个封闭区域的生态空间体系是无效的，城市生态空间的管控和保护，离不开对区域和乡村空间的管控和引导，空间管控体系的构建必须实现城乡一体化，才能达到既定的目标，否则，二元化的管控政策将导致最终的管控和保护失败。

3. 实现既保护又发展的双赢目标

致力于城市生态空间保护与社会经济发展的有机协调。生态空间体系规划在编制过程中，常常遇到难以抗拒的阻力，最常遇到的对抗就是"生态保护剥夺了保护地的发展权"，"生态保护阻碍了地方经济社会的发展"，因此在深入研究被保护地区产业经济的发展方向特点的基础上，建立适宜的弹性发展制度，明确刚性和弹性相结合的空间发展原则，有效地促进符合保护要求的产业类型发展，引导符合准入条件的项目顺利入驻，达到既保护生态空间环境，又促进地方社会经济发展的双赢目标。

三、规划研究的主要任务

1. 探索科学构建生态空间体系的合理途径

生态空间体系的保护关乎城市的长远利益和可持续发展，其必要性毋庸置疑。但正如前所述，城市生态空间体系保护的阻力非常巨大，在实施过程中通常会与地方利益之间产生激烈的对立和博弈，此时生态空间体系的科学合理性常常成为博弈过程中的质疑焦点。因此生态空间体系的科学性就成为规划编制和实施过程中需要时刻受到考验的首要问题。本次研究的重点之一即是着力探寻科学构建生态空间体系，有效保护和利用生态空间的途径和方法，为相关的规划研究和编制提供有效支撑。

2. 探索科学制定空间管控政策的有效路径

目前对于生态空间体系规划的相关研究中，最为缺乏的是如何构建一套行之有效的管控政策，使城市生态空间体系得到切实的保护。深圳市率先提出基本生态控制线的管理规定，为城市生态空间的保护开创了崭新的局面，也为各大城市的生态空间保护提供了有益借鉴。本次研究的目的，即在于重点探索生态保护地区规划管理的对策，期望构建一个既具刚性、又有实施弹性的管控体系，在项目的准入和管控政策上分级管理、区别对待，实施精细化的管理，为相关的规划编制和政策制定提供借鉴。

四、规划研究的重要意义

城市生态空间体系与城市空间结构的交叉研究是当前城市规划学科交叉的新领域，在理论研究和实践应用方面都具有重要意义。

1. 理论意义

城市生态空间体系的规划研究是现有规划理论体系的必要补充。研究将城市生态空间作为主要的规划对象，深入分析其要素特征，并将其作为一个完整的体系在空间结构上进行完善和构建，与城市建设区功能结构体系相辅相成，互为补充，成为城市空间结构体系中互为"图底"的重要组成部分，是对传统城市空间结构研究的必要发展和补充。

城市生态空间体系的规划研究促进了规划管理法制化体系的完善。为满足城乡规划管理的需要，有效控制和引导城市空间发展的方向，需要构建一系列的空间管控政策和法规，重点对城市空间中可建部分和非建部分进行深入的研究和反复辨析，制定合理化、可操作的管控政策和法规。这一过程加强了城市规划技术文件向公共政策的转化，对于促进规划管理法制化体系的完善具有十分重要的意义。

2. 实践意义

城市生态空间体系的规划研究是维护城市生态安全的基本保障。城市生态空间为栖息其中的生物群落提供基本的生存空间，也是城市生态安全的重要承载空间，对于改善和提高城市居民的生活质量，保护重要的生态系统和生物栖息地，维持城市生态系统的稳定，都具有重要作用。生态空间体系规划将生态空间作为规划的重点对象进行研究，通过构建完善的城市生态空间体系，并提出一系列空间管控政策，对各类生态空间予以精细化的引导和控制，来保护一定规模的生态环境，保护生态区片之间的联系通廊，为本土生物群落的基本生存保留足够的空间，对于维护城市生态安全具有十分重要的意义。

城市生态空间体系的规划研究是促进城市空间集约发展的必要措施。在当前极其复杂的社会经济背景下，充分认识城市生态空间体系的结构特征和演化规律，准确描述和全面理解城市生态空间结构的演变过程，对于指导城市空间结构的重构，优化城市空间格局，控制城市蔓延，促进城市空间发展由无序到有序、由粗放到集约、由外延向内涵的模式转变，都具有十分重要的意义。

城市生态空间体系的规划研究是实现资源永续利用和可持续发展的重要途径。城市生态空间体系规划的目的并不仅仅是为城市提供一个良好的生活、游憩环境，而是通过这一过程使城市的经济、社会发展在生态保护的目标前提下，不断更新和改良，不断调整，使之满足地区生态环境的基本承载力要求，进而实现城市整体意义上的可持续发展。城市生态空间体系的保护不能简单地理解为妨碍了城市经济社会的发展，而应将三者看成是相辅相成，缺一不可的整体。

第二章 城市生态空间体系规划的内涵解析

对城市生态空间体系规划内涵的诠释，应从城市生态系统的概念及特征入手，对城市生态系统的空间要素、用地构成及生态空间体系规划的概念等方面有一个全面的了解。

第一节 城市生态系统的概念及特征

一、城市生态系统的概念

城市生态学由美国芝加哥学派创始人帕克（R.E.Park，1864—1944）于1925年提出，该学说以城市为研究单元，以社会调查及文献分析为主要方法，研究城市的集聚、分散、入侵、分隔以及演替过程、城市的竞争、共生现象、空间分布格局、社会结构和调控机理，运用系统的观点将城市视为一个有机整体。

对城市生态系统的理解，因学科重点、研究方向的不同，在一定程度上有所差异。有学者认为，城市生态系统是一个以人为中心的自然、经济与社会复合的人工生态系统。也有学者认为，城市生态系统是以城市居民为主体，以地域空间和各种设施为环境，通过人类活动在自然生态系统基础上改造和营建的人工生态系统。还有学者认为，城市生态系统是城市居民与其周围环境组成的一种特殊的人工生态系统，是人们改造的自然—经济—社会复合体。《环境科学词典》对城市生态系统的概念做了较为全面的阐述，即城市生态系统指特定地域内的人口、资源、环境（包括生物的和物理的、社会的和经济的、政治的和文化的）通过各种相生相克的关系建立起来的人类聚居地或社会、经济、自然的复合体。

关于城市生态系统的构成，不同的学者也有不同的认知。从社会学角度，城市生态系统由城市社会和城市空间组成；从环境学角度，城市生态系统分为生物系统和非生物系统；还有观点认为，城市生态系统可分为自然生态系统和社会经济生态系统两大部分；从强调城市是人类聚集和生存的环境的角度，城市生态系统可分为城市人类和城市人类的生存环境两个子系统（图2-1）。

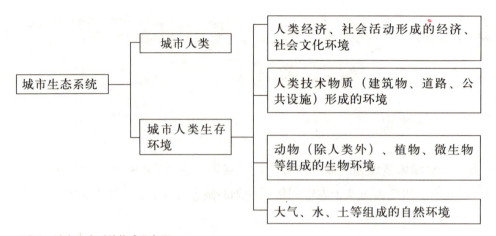

图2-1 城市生态系统构成示意图
资料来源：沈清基. 城市生态与城市环境. 上海：同济大学出版社，2009。

二、城市生态系统的特征

1. 城市生态系统具有人为性

城市生态系统中，人口高度密集，比重极大，人为作用对它的存在和发展具有决定性的影响，不仅使原来的自然生态系统结构和组成发生了人工化倾向的变化（如绿地减少，动物种类和数量发生变化，大气、水环境等物理、化学特征发生明显的变化），而且城市生态系统中大量的人工技术物质（建筑物、道路等）完全改变了原有的自然生态系统的物理结构。城市的人工结构不仅改变了自然生态系统的营养比例关系，而且改变了营养关系。在营养的输入、加工、传送过程中，人为因素起着主要的作用。所以，在城市生态系统中，人类已经成为既是生产者又是消费者的特殊生物物种。

目前全球城市的占地面积约为地球总面积的0.3%，但其中却聚集了世界总人口的40%。城市中人类占据着绝大部分空间，从城市单位土地面积上的人口数看，人类远远超过了其他生物，占据主导地位。在城市生态系统中，由于人类的频繁活动，人类对自然环境的干预最强烈，自然景观变化也最大。除了大气环流、大的地貌景观类型基本保持原来的自然特征之外，其余的自然因素都发生了不同程度的变化，而且这种变化通常是不可逆的。

2. 城市生态系统具有不完整性

城市生态系统中绿色植物数量少且作用发生了改变。城市中自然生态系统被人工生态系统所替代，动物、植物、微生物失去了原有自然生态系统中的生境，生物群落数量少且结构简单。城市中植物的主要任务已不再是为城市居民提供食物了，而转化为环境保护、美化景观、消除污染和净化空气等。

城市生态系统无法自给自足，城市生态系统内大量的能量和物质都需要从其他生态系统（农业、森林、湖泊、海洋等系统）中输入。

3. 城市生态系统具有脆弱性

自然生态系统中能量和物质能够满足系统中生物生存的需求，成为一个"自给自足"的系统。这个系统的基本功能能够自动建立、自我修复和自我调节，以维持其本身的动态平衡。但是，城市生态系统中的能量和物质要靠其他生态系统人工输入，同时城市生活中产生的大量废弃物，远超过城市生态系统的自然净化能力，也需要依靠人工输送到其他生态系统。如果这个系统中任何一个环节发生故障，将会立即影响城市的正常功能和居民的生活，从这个意义上讲，城市生态系统是一个十分脆弱的系统。由于城市所消耗的大量物质和能量来自城市以外，因此城市生态系统是一个不完整、不能完全实现自我稳定的生态系统。

第二节 城市生态系统的空间构成要素

通常意义上城市生态系统包括自然系统（植物、水体、土地、生物）、经济系统（金融、科技、工业、农业、建筑、运输、通信）以及社会系统（教育、文化、医疗、居住、供应）等要素（图2-2）。从空间及生态环境保护的角度，我们重点关注的是城市土壤、城市水体、城市植被等空间构成要素。

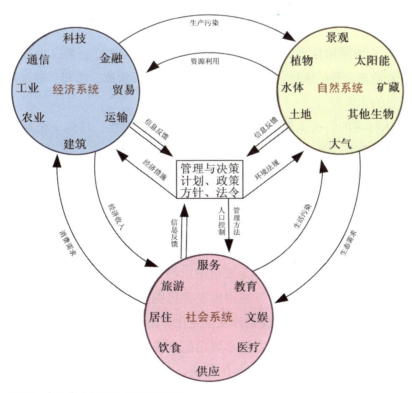

图2-2 城市生态系统构成要素示意图
资料来源：http://vipftp.eku.cc/。

一、城市土壤

土壤是地表的一层松散的矿物质，是陆地植物生长发育的基础。城市区域由于长期受各种人类活动的干扰，城市中的土壤与自然生态系统中的土壤有着较大差别。相较于农业土壤和自然土壤，城市土壤既继承了自然土壤的特征，又有其独特的成土环境和成土过程，表现出特殊的理化性质、养分循环过程以及土壤生物学特征。章家恩（1997）等认为：城市土壤是在原有自然土壤的基础上，处于长期城市地貌、气候、水文与污染的城市环境背景下，经过多次直接或间接地人为扰动或组装起来的具有高度时空变异性而现实利用价值较低的一类特殊的人为土壤。

城市土壤的特征表现在：混乱的土壤剖面结构和发育形态，城市建设中由于挖掘、搬运、堆积、混合与大量废弃物的填充，土壤结构和剖面发生层次上的混乱，土壤结构分异程度低、土层分异不连续、土层缺失以及土层倒置；丰富的人为填充物，城市土壤中外来填充物丰富，如碎石、砖块、矿渣、钢铁、垃圾等；高度污染特征，人工污染物进入土壤，引起作物受害和减产，特别是城市工业污水灌溉农田，引起土壤重金属污染，导致城市近郊土壤污染，并对城市环境产生负面影响。

二、城市水体

城市水环境是构成城市生态系统的基本要素之一，是人类社会赖以生存和发展的重要自然因素。城市所处地球表面的水体包括河流、湖泊、沼泽、水库、冰川、海洋的地表水及地下水，共同构成城市的水资源。

城市水体与水环境的特征主要表现在：淡水资源的有限性，任何一个城市的淡水资源总量都是有限的，它的总量受地表江河（过境径流量）和年间降雨量、降雨年内分布情况等两个方面的制约；城市水环境的系统性，城市地表水和地下水、江河和湖泊之间在水量上互补余缺，互相影响、相互制约而成为一个有机整体，如果地表水或地下水的一部分受到污染，整个城市水环境系统质量就会恶化；城市水体自净能力较差，虽然城市水体具有一定的自净能力或环境容量，但这种自净能力有一定限度，不同城市水体的自净能力与江河流量相关。

城市中的江河湖泊等水体，不仅作为城市的水源，还具有水运交通、改善气候、稀释雾水、排除雨水以及美化环境的功能。但城市建设也可能造成对原有水系的破坏，或者过量取水、排水，改变水道和断面而致使水文条件发生变化。由于不透水面层的增加、污染物的增加以及生物多样性的减少，许多城市的自然水域已经变成了城镇化的水域。城市日渐缺水的同时，城镇化建设也不可避免地造成城市水体的污染，如工业废水的排放、人类生活使用化学品的增加而产生的污水经由下水道进入江河水体。因此，城镇化、工业化程度较高的城市区域，对水体环境的特点和变化规律的研究非常重要。

三、城市植被

　　城市植被是城市里覆盖着的各种植物，包括城市范围内森林、灌丛、绿篱、花坛、草地、树木、作物等所有植物。尽管城市里或多或少仍残留或被保护着自然植被的某些片断，但城市植被不可避免地受到城镇化的各种影响而孤立存在，尤其是人类的影响，即使残存或被保护下的自然植被片断也在不同程度上受到人为干扰。人类一方面破坏或摒弃了许多原有的自然植被和乡土植物，另一方面又引进许多外来植物并建造了许多新的植被类群，改变了城市植被的组成、结构、类群、动态、生态等自然特性，从而具有完全不同于自然植被的性质和特性。因此，城市植被属于人工植被为主的一个特殊植被类群。

　　城市植被由于人为影响，植被的生境发生了改变，植被的组成、结构等也完全不同于自然植被的特征。城市化的进程改变了城市环境，也改变了城市植被的生境，较为突出的是铺装的地表，改变了其下的土壤结构和理化性质以及微生物成分；而污染的大气则改变了光、温、湿、风等气候条件，城市植被处于完全不同于自然植被的特殊生境之中。尽管城市植被的区系成分与原生植被具有较大的相似性，尤其是残存或受保护的原生植被片断，但其种类组成较原生植被少，尤其是灌木、草本和藤本植物。另一方面，人类引进的或伴生植物的比例明显增多，外来物种对原植物区系成分的比率，即归化率的比重愈来愈大，这已经成为城镇化程度的标志之一，或者被视为是城市环境恶化的标志之一。城市植被，乔、灌、藤、草等各类植物的配置，以及森林、树丛、草地等的布局等，在人为的规划和管理下，呈现出园林化的格局。同时，城市植被结构分化明显且日趋单一化，植被的形成、更新都是在人为的干预下进行的。

　　城市植被的功能是多方面的，主要表现在城市植被能够调节城市气象和气候条件、净化环境、弱化噪音、保护生物多样性、维护生态平衡以及美化环境、丰富城市景观等。施蒂尔普纳格尔（Stulpmagel, 1990）等研究了植被覆盖区域对城市气候的影响，他发现不仅在绿色覆盖区域温度会降低，在这个区域以外1.5km的范围内温度也会降低。这种对气候的影响会随着绿色区域面积的增加而加剧，但如果绿色区域被路面分开，这种改变气候的效果就会降低。

第三节　城市生态空间体系的用地构成

　　城市生态空间指城市生态系统中城市土壤、水体、动植物等自然因子的空间载体。城市生态空间是构筑和支撑城市生态系统的基础，是城市社会、经济持续发展的重要基础。城市生态空间对维护城市生态平衡，改善人类的生存环境，保持人与自然相互依存关系具有积极而广泛的意义。

　　城市生态空间体系是各类城市生态空间用地组合形成的整体结构，是城市生态系统正常运转的保障。城市生态空间体系与城市建设区空间体系相互耦合，共同形成城市整体空间结构。根据城市生态空间体系的功能特征和作用，城市生态空间体系主要包括城市绿地、生态保育用地、景观游憩用地、农业用地等四种用地类型（图2-3）。

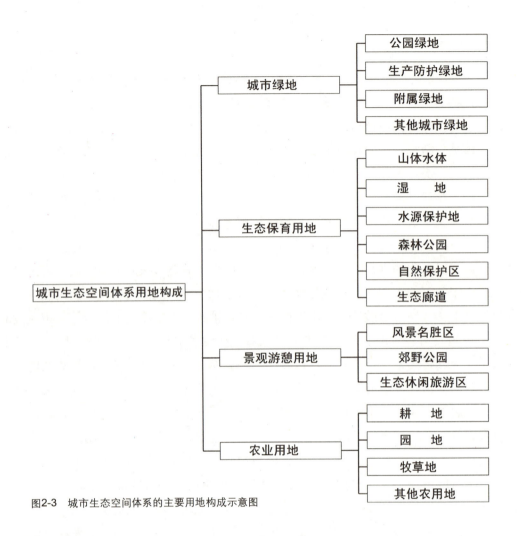

图2-3 城市生态空间体系的主要用地构成示意图

一、城市绿地

城市绿地是指以自然植被和人工植被为主要存在形态的城市绿化用地,对城市生态、景观和居民休闲生活具有积极作用,包括公园绿地、生产防护绿地、附属绿地及其他城市绿地等。城市绿地是城市建设用地、城市绿化系统的重要组成部分,是衡量城市整体环境水平和居民生活质量的重要指标。

城市绿地是"城市之肺",具有提供城市生物栖息地、降低空气污染、调节温度和湿度等作用。这类用地的稳定性和持久性不高,需要人们去设计、经营和管理。但这类用地在城市生态系统中又具有独特性和特殊的作用。由于这种空间形态是人们有目的建设的,因而可以根据生态学和生态位原理进行造景,使城市绿地的分布与类型更符合生态学的原理,更具有科学性。同时,还可以根据城市的区位特点以及城市的自然环境特征,按照城市的建设目标设计适合城市自我净化能力的绿地系统。总之,城市绿地调节和改善城市生态环境质量的功能在城市生态系统中是不可或缺的。

二、生态保育用地

生态保育用地主要是指具有原生态功能的各类生态空间，包括山体、水体、湿地、水源保护区、生态廊道以及经批准划定的森林公园、自然保护区等。生态保育用地一般分布在城市建成区外围，是保护湖泊水网及滩涂湿地等地区丰富的生物多样性，提供生物栖息的主要生态空间。

生态保育用地以山、林、水域、湿地等自然要素为基础，这类生态空间通常生态敏感性最强，对城市生态系统的影响力也最大，一旦遭遇破坏将难以在短时期内恢复。故该类用地是城市生态空间体系中最需要进行严格保护的生态因子，应强调保持其原生态性，不宜进行过多的人工干预。

三、景观游憩用地

景观游憩用地主要是指依托一定的自然资源，具有景观、游憩、文化、科普教育等功能，自然景观或人文景观较为集中，环境优美，可供人们游览或者进行科教、文化等活动的生态空间，包括风景名胜区、郊野公园以及各类生态休闲旅游区。这类用地以自然要素为主，也有一定的人为因素，有人工引进的斑块，也有存留的自然斑块，为人工化作用较强的城市补充了自然的要素。景观游憩用地作为一种开放的生态空间，以亲近自然的特色吸引人们，是长期生活在城市中的居民最为方便的游憩地。

四、农业用地

农业用地主要包括各类生产性及观光性的耕地、园地、牧草地、设施农业用地等。农业用地常位于城市郊区，其生态特性、景观风貌随着农作物生产季节的变化而发生变化。城市周边的农业用地构成一种与人类生存关系密切的特殊生态环境，它由农田土壤、气候、水文，以及各种农田动植物等要素构成，与人类进行着频繁的物质和能量交换。同时，农业用地也是控制城市向外蔓延的天然屏障，它在空间形态上可因地制宜地布局，是城市生态空间体系中分布最为广泛的空间要素。

第四节　城市生态空间体系规划的内涵

一、城市生态空间体系规划的概念

城市生态空间规划是运用生态学原理，统筹城市的生态环境和自然环境，为构建和谐的城市生态系统提供空间载体。城市生态空间规划紧紧围绕生态空间要素进行物质规划，规划内容也是针对各层次的生态物质空间建设的设想。当前城市人口高度密集、水资源短缺、环境污染、温室效应、城市气候灾害、土地资源锐减等问题所引发的各种生态和环境问题已经直接影响并制约城市的建设步伐，也与人们日益提高的居住环境要求背道而驰。统计数据显示，环境因子和城市生活水平因子已经跃升为城市用地，特别是特大城市用地的关键性因子。因此，城市生态空间规划的提出，可以说是为了迎接严峻的生态环境挑战所作出的努力，是维护和改善人们赖以生存的环境条件所必须采取的协调性行动。

城市生态空间体系规划主要研究生态因子空间载体的区位分布特征和组合规律，对各类生态空间因子进行系统性空间统筹布局，构建合理的城市生态空间结构，从空间结构体系上为生态系统的健康运行提供保障。城市生态空间体系规划的目的是从生态空间载体的分布及组合规律出发，分析其发展演变的规律，在此基础上确定人类在城市建设的同时，有效地保护和利用这些自然生态要素，促进社会经济和生态环境的协调发展，最终实现整个区域和城市的可持续发展。因此，城市生态空间体系规划不同于传统的环境规划、生态规划，它是联系城市总体规划、环境规划的桥梁，强调规划的能动性、协调性、整体性和层次性，其目标是追求社会的文明、经济的高效和生态环境的和谐。

二、城市生态空间体系规划与其他规划的关联

城市生态空间体系规划与其他规划相容或相关，但又与这些规划有着明显的差异，具有相对独特的内容与体系。

1. 与城市生态规划的关系

城市生态规划关注城市的自然生态和社会生态两方面，规划遵循生态学原理，对城市生态系统的各项开发和建设作出科学合理的决策，从而调控城市居民与城市环境的关系，实现城市经济、社会、资源、环境的协调发展，达到社会、经济、生态三个效益的统一。而城市生态空间体系规划强调的是城市自然生态因子的空间结构，通过统筹自然生态因子的空间分布，来构建适宜的城市生态环境。城市生态空间体系规划可以说是城市生态规划中重要的研究内容之一。

2. 与城市规划的关系

城市规划重点强调的是规划区域内土地利用空间配置和城市各项物质要素的规划布局。城市生态空间体系规划的主体仍然是空间规划，是结合了生态理念，融入了生态规划方法的空间规划，它关注的重点是城市生态用地的空间形态和结构体系。城市生态空间体系规划的目标是城市总体规划的目标之一，并参与城市总体规划目标的综合平衡。城市生态空间体系规划可以作为城市规划范畴中的一个子项规划，是专门针对城市生态问题而进行的专项、对策性研究。

3. 与环境规划的关系

环境规划是指为使环境和社会经济协调发展，把"社会—经济—环境"作为一个复合生态系统，依据社会经济规律、生态规划和地学原理，研究其发展变化趋势，从而对人类自身活动和环境所作的时间和空间的合理安排。环境规划由环境保护主管部门编制，它强化的是环境

污染控制。城市生态空间体系规划多由城市规划部门编制，它更强调的是保障自然生态空间的分布，促进城市生态安全格局的形成。

三、特大城市生态空间体系的主要特征

1. 特大城市的界定

按照国家统计局规定，城市建成区人口（指非农业人口）在20万以下为小城市，20万~50万人口为中等城市，50万~100万人口为大城市，百万人口以上为特大城市。

因此本书中特大城市指非农人口在百万以上的城市。根据中国社会科学院发布的《城市蓝皮书》，截至2008年末，中国拥有6.07亿城镇人口，形成建制城市655座，其中百万人口以上的特大城市有118座。

2. 特大城市的主要特征

特大城市人口密集性高。改革开放以后，随着特大城市经济的发展，同时人口户籍政策有所松动，人口向特大城市迁移和流动的趋势日益明显，使特大城市人口不断快速增长，出现了人口超千万的特大城市。据统计，占中国城市总用地面积68.5%的小城市，只承载了16.5%的非农人口，而面积只占4%的大城市，却居住了39.4%的城市人口。

特大城市集聚效应明显。在城镇化过程中，特大城市经济效应的集聚作用强于扩散作用，并逐步占主导地位，特大城市对周边城市在经济社会方面的辐射作用越来越强，影响带动区域整体经济社会的发展。如长江三角洲的上海、珠江三角洲的广州、环渤海地区的北京，作为区域发展的极核，特大城市的发展状况直接影响区域整体发展水平。

特大城市的发展呈现出急剧拓展的态势。在空间上表现为城市建设区逐步向外蔓延式扩展或连片、分片式扩展，往往形成地域圈层式的空间结构。改革开放后，伴随大城市经济辐射力的增强以及城市土地使用、住房、户籍等制度改革，中国特大城市开始出现明显的分散发展趋势。在政策和城市规划的引导下，依托基础设施，以卫星城或新城等方式向外离心增长和空间扩散。例如武汉新一轮的城市总体规划提出"多轴多心"的发展模式，以主城区为核心，依托轨道交通和高快速路形成6条放射状的发展轴，在轴线上以新城和新城组团集群作为城市未来产业布局和中心城区人口疏解的重点区域。

在此情形下，特大城市的发展过程中，生态空间遭受侵占和吞噬的现象日益增多，城市生态资源保护和生态空间体系构建的压力也日渐增大。

3. 特大城市生态空间体系的主要特征

（1）功能综合化

城镇化的快速发展促进特大城市的功能转型和跨越式发展。生态空间体系在特大城市的跨越式发展中，承载着城市主要的生态功能，同时对经济和社会发展也起到至关重要的作用。人口高度密集（特别是中心城区）给特大城市的发展带来了严重的环境压力和交通压力，从而引发

一系列的生态、社会问题。同时，由于特大城市土地高产出值的特性，因经济压力导致大量的城市生态空间消失，引发了各种社会问题，并且这些经济社会问题随着特大城市地位的提升而矛盾更加明显。因此，在特大城市中，生态空间不仅仅是发挥生态功能作用，更重要的是与城市其他系统的协调，促进城市土地产出值的提高，协调和缓解各种社会问题，优化城市空间结构，体现出明显的功能综合性。

完善的城市生态空间体系有利于生态功能的发挥。各类生态空间发挥着改善生态环境，净化空气、水体、土壤、保持水土的重要作用。据研究报道，一般城市中每人平均拥有10m²的林地或者草地，就能够保持空气中二氧化碳和氧气的比例平衡。植物还具有过滤尘埃、吸滞烟尘和粉尘、吸收有害气体、杀菌等作用。完善的城市生态空间体系也有利于保护生物的多样性。栖息地的丧失、破碎化是生物多样性丧失的主要原因，特大城市生物种类单一化更为明显，城市生态空间体系规划可以将城市生态用地有机联系起来，建设一个网络化的生态系统，为动植物的生存、繁殖、迁徙、传播提供场所。

完善的城市生态空间体系除应有的生态功能之外，还具有景观游憩、文化教育、社会经济及城市防护和减灾避难等多重功能。生态空间体系中的公园、风景区等，是为居民提供游憩休闲服务功能的重要场所，景观游憩功能是城市生态空间的主要作用之一，同时，生态空间亦可美化城市景观，形成独特的景观结构，提升城市居住环境品质。第二，特大城市中人们与自然接触的机会较少，尤其在对青少年的教育中，生态空间是进行生命科学、环境科学知识教育的室外课堂，花草树木、水体、动物等可以生动地演示自然界的奥秘和自然规律，激发人们热爱自然、致力于保护环境的自觉行动，开展有效的生态教育。第三，城市生态空间也可为人们提供放松身心、缓解生活压力、进行社会交往的场所，生态空间体系规划可以协调生态空间与城市其他系统，优化城市环境，提升土地价值，促进城市经济发展。第四，城市生态空间亦是保障城市安全的重要场所，可以有效消除大风、洪水等对城市的袭击，增强城市抵御自然灾害的能力，同时生态空间也是城市灾害如地震等发生后，人们暂时避难的场所，是城市防御体系中不可或缺的一部分。特别是在汶川地震发生后，需要我们更加注重城市安全。

同时，城市生态空间体系的构建有利于组织城市空间。城市空间格局的形成发展是历史、物质和自然发展过程的综合，如同物种演替进化一样，有其必然的生态作用规律（刘青昊，1995）。城市空间结构是否合理，取决于城市各要素之间的矛盾调和是否达到平衡，在城市空间形成、发展、演变和调整的过程中，城市生态空间发挥着重要的功能和作用。自1989年霍华德发表《明日的城市》，城市规划师越来越重视城市中人工环境与自然环境之间的关系，在城市空间布局结构上，将城市生态用地纳入其中加以综合考虑。在城市生态环境日趋严峻的今天，城市生态空间在构建城市形态方面的作用越来越受到重视，一大批特大城市都依据各自的资源条件和发展特征，规划设计了相应的生态空间体系，如大伦敦的环城绿带，界定了城市中心区与周边的卫星城，形成了大伦敦空间格局；巴黎大区在两条城市带之间建立和保留大量绿地，以提供休憩的场所和维持生态平衡。

(2) 结构复杂化

城市是一个具有不同层次又相互联系的开放体系，城市系统的组成部分之间相互影响、相互作用，进行物质、能量和信息的交换。生态空间是城市空间重要的有机组成部分，生态空间体系受城市性质、产业结构、土地开发模式等因素的影响。

特大城市又是一个更为复杂的巨系统，它的城市性质更加复合化，产业结构更加多样化，土地开发模式更加灵活化。因此，受这些因素影响的特大城市生态空间结构更加多样、更加复杂，已不能仅以某一种或两种模式就能构建起庞大复杂的特大城市生态空间体系。

四、特大城市生态空间体系规划的主要内容和原则

1．规划主要内容

(1) 现状调查及分析

对城市生态空间资源的规模、空间分布及质量水平进行详细调查；对城市生态空间现状构成、结构、功能、空间配置水平作出定性定量评价；研究提出生态空间资源保护和利用中存在的主要问题及背景原因，为生态空间体系规划提供依据。

(2) 确定规划的原则、目标及标准

明确生态空间体系规划的原则及目标，测算城市生态承载力，确定城市生态空间的总量规模，并提出生态空间保护的指标体系。

(3) 合理进行空间布局

综合城市功能结构及生态资源特色，研究选择城市生态空间模式，确定城市整体生态空间框架体系，并在此基础上对各级各类生态用地进行空间布局，落实各类生态空间的用地范围，确保生态空间总量规模。

(4) 制定空间管制策略和实施机制

依据生态空间资源的分布和框架体系，制定相应的空间管制策略和实施机制，从规划实施管理的层次保障生态空间体系规划有效落实到城乡建设的实际之中。

2．规划基本原则

(1) 生态优先原则

生态优先是生态空间体系规划的首要原则。首先，城市生态空间可以促进城市整体生态平衡，降低城市各种环境污染，因此，城市生态空间体系规划一定要从改善城市生态环境质量的角度出发，无论在发达地区还是在落后地区的城市，由于城市人口密集，各种污染源较为集中，城市生态环境质量一直是影响城市健康发展的制约因素，尤其在城市人口高度密集的我国特大城市，生态环境远低于世界发达城市的水平，在城市生态空间体系规划中强调生态性具有更为重要的意义。其次，生态优先原则还表现在城市生态空间体系本身要结构合理，生态稳定，使系统中的能流、物流畅通，达到结构合理、关系和谐、功能高效的目的。

(2) 景观连续性原则

城市建成区中的生态空间往往处在城市构筑物的包围之中，生态空间被分割，在城市中成为一个个彼此隔离的孤岛，使生态水平和游憩、观赏功能都大大降低，难以形成较为完整的城市生态系统。通过设置生态廊道、规划带形公园等手段加强孤立生态斑块之间的联系，加强生物物种的交流，形成连续性的城市景观，使城市生态空间形成体系，是城市生态空间体系规划的重要任务之一。

(3) 多样化原则

多样性导致稳定性。多样性表现在两大方面：生物多样性和景观多样性。生物多样性主要是针对城市自然生态系统中自然组成部分缺乏、生物多样性低下的情况提出来的。通过合理配置绿地植物品种，可以在城市绿地中创造丰富多彩的遗传多样性，从而达到丰富植物景观和增加生物多样性的目的。景观多样性则表现为生态空间景观类型的多样性、结构的多样性和布局的多样性。

(4) 格局优化原则

构建合理的城市生态用地结构是生态空间体系规划的研究重点。如在规划中如何利用有限的生态空间资源，通过空间格局的优化设计，"线、带、块"相结合，"大、中、小"相结合，达到以少代多、功能高效的目的。

(5) 可持续性原则

城市生态空间体系规划既要有远景的目标，也要有近期安排，做到远近结合。要充分研究城市远期发展的规模和水平，制定远景发展目标，不能只顾眼前利益，造成将来改造的困难。在城市向外扩展的同时，要预留足够的生态空间。

第三章 城市生态空间体系规划的理论基础

古往今来，对城市生态空间的关注一直是人类社会的不懈探索与追求。在生态城市被公认为城市发展理想模式的今天，规划并构建一个科学合理的城市生态空间体系，更成为国内外城市建设孜孜以求的目标。从城市生态空间体系规划的理论基础来看，虽然这一课题在规划理论界的研究尚缺乏系统性的既定模式，但其学术思想渊源却有着悠久的历史。

第一节 国外城市生态空间规划的理论研究

一、思想萌芽阶段

国外关于城市生态空间规划研究的思想渊源和理论基础可以追溯到古希腊哲学家柏拉图提出的"理想国"设想，这是"生态城市"的最早雏形。古罗马建筑师维特鲁威（M.Vitruviius）在《建筑十书》中总结了希腊、伊达拉里亚和罗马的城市建设经验，将对生活、健康的考虑融汇到对自然的选择和建筑物的设计之中，并对城市选址、城市形态与规划布局等问题提出了精辟的见解。文艺复兴时期，建筑师阿尔伯蒂（L.B. Albert）等人师承维特鲁威，发展了"理想城市"的理论。

16世纪英国人莫尔（T.More）的"乌托邦"、18～19世纪傅立叶（C.Fourier）的"法郎基"、欧文（R.Owen）的"新协和村"、西班牙索里亚·马塔（A.Soria Mata）的"带形城市"、霍华德（E.Howard）的"田园城市"等设想中均蕴含着一定的城市生态规划哲理，丰富了城市生态空间规划的内容。

1. 北美生态空间规划思想

19世纪中叶，以美国学者马什（G. P. Marsh）为代表的生态学家和规划工作者的规划实践标志着生态规划的产生。马什看到人与自然、动物与植物之间相互依存的关系，主张人与自然和谐。1865年，马什发表了具有划时代意义的著作《人与自然》，首次用科学的观点提出了快速土地开发利用给自然系统带来的影响，告诫城市规划师和土地规划师应谨慎地对待自然系统。他的理论在美国得到了重视，许多城市开展了保护自然、建设公园体系的运动。在美国第一个造园家唐宁（A.J.Downing）的积极倡导下，纽约市开始规划第一个公众公园，即后来的中央公园。风景园林建筑师奥姆斯特德（F. L. Olmsted）主持了公园设计方案，根据法律在市中心划定了一块大约3.4km²的土地用于建设公园。纽约中央公园的建设受到社会的高度赞扬，人们普遍认为，中央公园改善了城市的经济、社会和美学价值，改善了环境条件，提高了城市土地利用的税金收入，其设计十分成功，继而纷纷效仿，在全美掀起了一场"城市公园运动"。其中比较著名的有景观规划设计师查尔斯·埃利奥特（C. Eliot）在整个波士顿都市区约600km²范围内设计的公园系统，或称"绿道"网络系统。他利用湿地、陡坡、崎岖山地等闲置土地规划公园系统，建立起一个开放的城市生态空间系统，形成引人入胜的休闲娱乐公园，并用五个海岸河流廊道连接了波士顿都市带近郊的五个大公园或绿色空间（图3-1）。

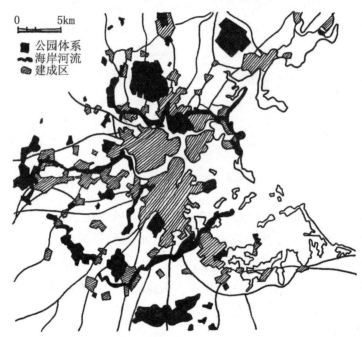

图3-1 波士顿都市区公园体系示意图
资料来源：根据Fabos et al. 1985，绘制。

2．欧洲生态空间规划的主要理论

（1）索里亚·马塔的"带形城市"理论

19世纪80年代，西班牙工程师索里亚·马塔（A.Soria Mata）提出"带形城市"（Linear City）理论。他主张城市沿一条40m宽的交通干道发展，干道上设有轨电车线、人行道、自行车道和地方道路，城市建设用地总宽约500m，每隔300m设一条20m宽的横向道路，用以联系干道两旁的用地，与主干道平行的次干道宽10m，用地两侧布置宽100m、布局不规则的公园和林地。这种用绿地夹着城市建筑用地并随之不断延伸的规划方法，体现了索里亚·马塔学说的一个主要思想，即：使城市居民"回到自然中去"。1884~1904年间，索里亚·马塔创立的"马德里城市化"股份公司在马德里规划建设了第一段带形城市，长约5km，1912年城市居民达2000人。直至今天，该段城市的绿化仍比周围地区更加优越。也正因为如此，有学者认为索里亚·马塔的"带形城市"应当称为第一代"田园城市"（图3-2）。

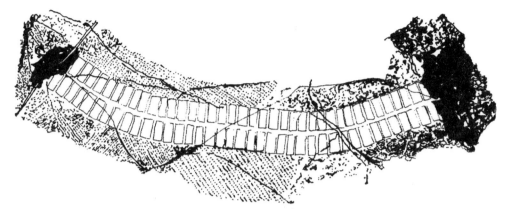

图3-2 索里亚·马塔的带形城市示意图
资料来源：Francoise Choay, translated by Marguerite Hugo and George R. Collins. The Modern City: Planning in the 19th Century. Georgr Braziller, Inc. 1969。

(2) 霍华德的"田园城市"理论

19世纪末开展的城市公园建设和其他的城市改造，并不能从根本上改变欧洲大城市的传统结构，相反，由于自由经济的发展，人口和产业向大城市的迅速集中，使得城市环境卫生状况不断恶化、贫富差距扩大、农业衰败、乡村工业不振等社会问题和环境问题不断滋生。为了从根本上遏制城市无序发展的势头，解决城市问题，需要尽快地寻找出能够适应经济发展和社会变化的、理想的城市发展模式。

英国作为老牌的资本主义国家，城市问题尤为严重。1898年，英国社会活动家埃比尼泽·霍华德（E. Howard）提出著名的"田园城市"理论，被誉为近代生态城市思想的起源。霍华德清楚地看到当时英国大城市的种种弊端，他认为城市与乡村的二元对立是造成城市畸形发展和乡村衰落的根本原因，提出通过建设城乡一体化的田园城市来解决城市问题。这一理论着重于城市与自然的平衡，其基本构思立足于建设城乡结合、环境优美的新型城市，即"把积极的城市生活的一切优点同乡村的美丽和一切福利结合在一起"。霍华德针对现代工业社会出现的城市问题，提出把城市与乡村结合起来作为一个体系来研究，设想了一种带有先驱性的城市模式，这种城乡结合体称为"田园城市"。田园城市模式是一种新的城市形态，既具有高效能和高度活跃的城市生活，又兼有环境清静、美丽如画的乡村景色，使城市生活和乡村生活像磁铁般相互吸引、共同结合。霍华德认为这种城乡结合体能产生人类新的希望、新的生活和新的文化，并期望以此改造资本主义大城市，使工业化条件下的城市与理想的居住条件相适应。

霍华德对他的田园城市作了具体的规划，用宽阔的农田地带环抱城市，把每个城市的人口限定在3.2万人左右，城市占地约6000英亩（约2400hm²）。他认为，城乡结合首先是城市本身为农业土地所包围，农田的面积要比城市大5倍。霍华德确定的田园城市平面为圆形，直径不超过2km，城市居中，占地1000英亩，四周的农业用地为5000英亩，除耕地、牧场、果园和森林外,还包括农业学院、疗养院等。农业用地是保留的绿带,永远不得改作他用。在这种条件下,全部外围绿化带步行可达,便于老人和孩子日常散步。除外围森林公园带以外,城市市区内也有宽阔的林荫环道、住宅庭园、菜园和沿放射形街道布置的林间小径等,充满了绿荫葱葱、繁花似锦的绿地。霍华德还提出,每个城市居民的公共绿地面积应超过35m^2,平均每栋房屋要有20m^{2}的绿地。他建议,田园城市中央是一个面积约145英亩的公园,有6条主干道从中心向外辐射,把城市分为6个区。城市的最外圈地区建设各类工厂、仓库和市场,一面对着最外层的环形道路,另一面是环状的铁路支线,交通运输十分方便。为减少城市的烟尘污染,必须以电为动力源,城市垃圾应用于农业。霍华德还设想,若干个田园城市围绕中心城市,构成城市组群,他称之为"无贫民窟无烟尘的城市群"。中心城市的规模略大些,建议人口为5.8万人,面积也相应增大,城市之间通过铁路相联系(图3-3)。

霍华德有关"田园城市"的理论和实践,对城市规模、布局结构、人口密度、绿带等城市规划相关问题提出了一系列独创性的见解,通过建设新城吸引人口和产业,减轻大城市的负担,同时通过永久地保留城市周围的农业地带控制城市规模的无序蔓延,体现出比较完整的城市生态空间体系规划的思想体系,也开创了城市规划与城市经济、城市生态环境等领域相结合的新阶段。"田园城市"理论对20世纪全球的城市规划、区域规划和绿地系统规划均产生了很大的影响。

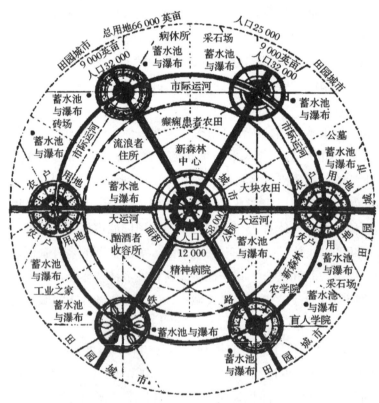

图3-3 霍华德"田园城市"结构示意图
资料来源:[英]埃比尼泽·霍华德. 明日田园城市. 金经元译. 北京:商务印书馆. 2002。

二、探索发展阶段

20世纪初,北美及欧洲发达资本主义国家的城镇化发展非常迅速。城市规模的扩大以及城市连绵地区的出现,导致区域性自然环境问题的产生和恶化。这一时期,由于工业化和城镇化的大发展导致的社会、经济和环境问题开始强烈冲击着人们的大脑,这也是人类生态意识的觉醒阶段,人们开始有意识地运用生态学的观点来研究城市并应用到城市建设和社区发展之中。生态学开始呈现与城市规划、景园、系统工程等学科的全方位融合趋势。

1. 芝加哥学派的理论与研究

20世纪初期,芝加哥学派(Chicago School of Human Ecology)的创始人帕克(P. Park)率先提出城市生态学,用生物群落的原理和观点研究芝加哥人口和土地利用问题,开创了城市生态学研究的先河。虽然,当时芝加哥学派的研究不限于城市区域,而是总的人—地关系,但或许是由于该大学地处大城市,因此,较大一部分人类生态学的研究集中于城市问题和城市环境。

帕克强调,人类生态学家主要关心的是有形的(生物的)群体,而社会或文化属性则应属于社会心理学范畴,即按照人类活动的不同水平分为有形的和精神的两种范畴。研究有形的群体时可忽略社会因素,在这个水平上群体中成员受竞争作用支配。芝加哥学派的主要理论认为,城市土地价值变化与植物对空间的竞争相似,土地的利用价值反映了人们对最愿意地点和最有价值地点的竞争。这种竞争作用导致经济上的分离,按土地价值支付能力分化出不同阶层。帕克的追随者还应用植物优势概念解释了有形群体的发展形式,土地价值决定市民各种活动水平和形式的优势。此外,还将类似植物的侵入和演替概念应用于有形群体,特别是研究特殊的种族及商业活动逐渐进入居住区附近的情况。

2. 三大传统城市地域结构模式

以芝加哥学派的城市生态学概念为基础,人类生态学提出三大传统城市地域结构模式,即同心圆模式、扇形模式、多核心模式。

(1)同心圆模式

1925年,伯吉斯(R. W. Burgess)提出城市同心圆增长理论。伯吉斯认为,城市的自然发展将形成5~6个同心圆形式,它是竞争优势及侵入演替的自然生态的结果。伯吉斯的同心圆地域假说是一个理想的城市发展和空间组织方式的模型。他划分出五个同心圆区域,从内向外分别为中心商业区、过渡区(城市贫民区)、个人居住区、高级住宅区和往返区。

伯吉斯认为,该城市发展模式存在以下两个趋势:一是随着城市的发展,城市由内向外扩散,某一环节发生扩张将入侵下一环,其构成成分逐渐更新;二是距城市中心的距离由近及远表现出居住密度降低和土地面积扩大的特征。同心圆理论中1区为社会、商业和市民生活的中心(CBD区),土地价值最高;2区为过渡区,围绕闹市区,在许多城市中这一区的居住条件恶化,通常由移民居住,当CBD区向外扩大时该区的土地价值增高,对土地价值的竞争逐渐使该区发展较密的多层住宅；3区为独立的个人住宅区，这些工人已远离中心，但仍愿意生活于工厂附近，这一区的许多居民大都为第二代，因而解释了上述演替理论，该区的住宅价格相对低廉；4区为较好的住宅区；5区则为郊区或卫星城镇，为高收入者住宅区，到市中心的距离不超过1小时车程（图3-4）。

（2）扇形模式

在伯吉斯研究的基础上，著名的土地经济学家霍伊特（H.Hoyt）对照了142个城市，于1939年提出了与伯吉斯不完全相同的结论，即扇形理论。

霍伊特认为城市的核心是中心商业区，城市发展过程经历的布局方式与同心圆区域有关，但也不完全遵循这种均质扩散的规律，某些功能区表现出扇形特征。城市从CBD区沿主要交通干道向外发展形成星形城市，总体仍呈圆形，从中心向外形成各种扇形辐射区，各扇形向外扩展时仍保持着居住区的特点，其中有充分住宅出租的扇形区是城市发展的最重要因素，因为它影响和吸引着整个城市沿该方向发展。

尽管霍伊特理论必须假设具有理想的地形条件，并且不考虑历史情况和人的决策因素，但根据美国和加拿大当前许多城市的轮廓，其空间形式与这一理论有一定的相似性（图3-5）。

（3）多核心模式

伯吉斯、霍伊特等提出的城市内部结构模式均为单中心，忽略了重工业对城市内部结构的影响和市郊住宅区的出现等因素，1945年，哈里斯（Harris）和厄曼（Uiman）通过对多种类型城市地域结构的研究发现，职业、地价、房租和环境等是影响城市布局模式的主要因素，同时考虑到汽车的重要影响而提出较为精细的"多核心"模式。

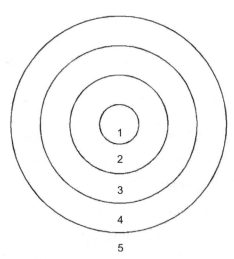

图3-4 伯吉斯的同心圆城市模型示意图
1-中心商业区；2-过渡性地带；3-工人住宅区；4-中产阶级住宅区；5-高级或通勤人士住宅
资料来源：D.I. Scargill. The Form of Cities. 1979. st. Martin Place

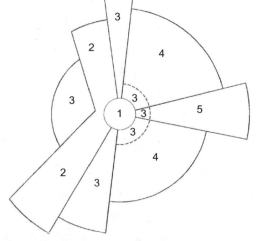

图3-5 霍伊特的扇形城市模型示意图
1-中心商业区；2-批发和轻工业带；3-低收入住宅区；4-中收入住宅区；5-高收入住宅区
资料来源：D.I. Scargill. The Form of Cities. 1979. st. Martin Place

哈里斯和厄曼指出，许多北美城市的土地利用形式并不围绕一个中心，而围绕离散的几个中心发展，这些核有的不明显，有的在迁徙或专门化刺激下形成，最可能的原因或许是由于汽车成为上下班的主要交通工具所致。

该模式假设城市内部结构除主要经济胞体（Economic Cells）——即中心商业区（CBD）外，尚有次要经济胞体散布在整个体系内。这些胞体包括未形成城市前中心地系统内各低级中心地和在形成城市过程中的其他成长点。这些中心地和成长点皆随着整个城市的运输网、工业区或各种专业服务业，如大学、研究中心等的发展而发展。其中，交通位置最优越的最后成为中心商业区，其他中心则分别发展成次级或外围商业中心和重工业区。

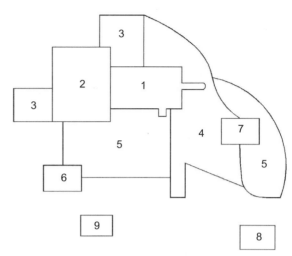

图3-6　哈里斯—厄曼的多核心模式示意图
1-中心商业区；2-批发和轻工业带；3-低收入住宅区；4-中收入住宅区；5-高收入住宅区；6-重工业区；7-卫星商业区；8-近郊住宅区；9-近郊工业区
资料来源：D.I. Scargill. The Form of Cities. 1979. st. Martin Place

哈里斯和厄曼还考虑到，易达性所吸引的商业、工业或贫民，本身便有排斥高级住宅的倾向，因为高级住宅的区位因素之一便是要远离这些有碍环境的土地利用。介于两者之间的是中级住宅区。这一模式虽较为复杂，但仍然基于地租理论，它假设付租能力较高的高密度住宅倾向于接近中心点和其他主要经济胞体，但最接近这些胞体的空间却被批发商业和轻工业所占有。由于哈里斯和厄曼的模式并没有假设城内土地是均质的，所以各土地利用功能区的布局并无一定序列，大小也不一样，其空间布局图是非常富有弹性的（图3-6）。

3. 北美生态空间规划的思想演进与实践

1928年，查理斯Ⅱ（Charles Ⅱ）创作了马萨诸塞州的第一个开敞空间规划。该规划最深远的意义在于其所提出的"海湾巡回规划"（Bay Circuit Plan），超过250km长的"绿道"环绕波士顿都市带，并连接了区域中的主要湿地和排水系统（图3-7）。

1932年，赖特（F.Wright）提出广亩城设想，将城市分散理论发展到了极致（图3-8）。赖特认为，现代城市不能代表和象征人类的愿望，也不能适应现代生活需要，是一种反民主机制，需要将其取消（尤其是取消大城市）。他在《消失中的城市》中指出，未来城市应该是无处不在而又无处所在的，这将是一种与古代城市或任何现代城市差异非常大的城市，以至于根本不会把它当作城市来看待。在随后出版的《宽阔的田地》中，他正式提出广亩城设想，这是一个把集中的城市重新分散在一个地区性农业网格之上的方案。可以发现，赖特的广亩城设想是在美国小汽车大量普及的条件下出现的。1935年，在洛克菲勒中心的一个工业艺术展中，赖特展示了他的理想城市模型。相较于霍华德的"田园城市"理论，广亩城的思想则显得更为开放。广亩城实际上并没有什么城市，相反它具有的是一种反城市

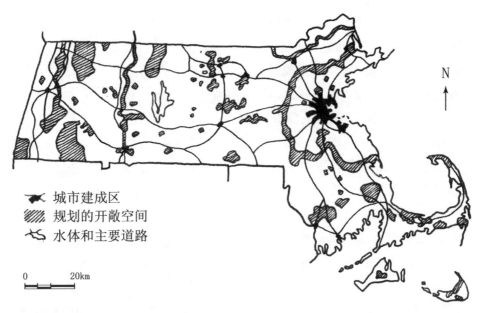

图3-7 马萨诸塞州开敞空间体系示意图
资料来源：根据Fabos，1985绘制。

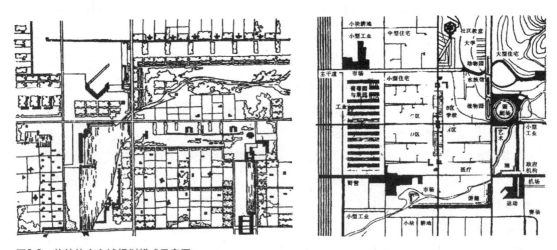

图3-8 赖特的广亩城规划模式示意图
资料来源：傅礼铭. 山水城市研究. 武汉：湖北科学技术出版社，2004。

思想。在广亩城中，城市和乡村之间已没有什么区别。赖特认为工业城市是对人类的一种剥削，他强调自然的建筑和城市，一种有机的概念。他认为对土地的拥有制度是造成极大的不平等的原因，他响应杰弗逊所认为的真正民主的获得只有在所有的人都是土地的拥有者时才可能获得。赖特认为，每一个居民都至少拥有$1hm^2$土地用于耕种和建造房屋，一半时间在工厂或其他专业工作，同时还有时间进行自由思考和脑力活动，广亩城的实质是试图将城市引进乡村。

美国著名城市学家芒福德（L.Mumford）则强调"以人为本"，创造性地利用景观，使城市环境变得自然而适于居住，并从保护人居系统中的自然环境出发指出城乡关联发展的重要性。芒福德指出，城与乡不能截然分开，城与乡同等重要，城与乡应当有机地结合起来。如果要问城市与乡村哪一个更重要的话，应当说自然环境比人工环境更重要。芒福德非常同意赖特的主张，即通过分散权力来建造许多新的城市中心，形成一个更大的区域统一体，通过以现有的城市为主体，就能把这种区域统一体引向许多平衡的社区内，就有可能促进区域整体发展，重建城乡之间的平衡，使全部居民在任何一个地方都能享受到同样的生活质量，避免特大城市在发展过程中出现的各种困扰，最终达到霍华德的田园城市发展模式。

1924年，在荷兰阿姆斯特丹召开的第八届国际城市规划会议进一步推动了田园城市理论在世界范围的传播。这次会议讨论了在各个国家进行的田园城市运动和城市规划运动。会议以章程的形式正式提出建设卫星城疏散大城市人口，同时在城市建成区周围配置绿带控制城市规模的无限膨胀。会议通过了《阿姆斯特丹宣言》，其中第三条写道："为了防止建筑物无限制的蔓延和膨胀，有必要在城区周围配置用于农业、畜牧、园艺的绿地带。"宣言强调了大城市周围设置绿带对于引导城市发展的重要性。在阿姆斯特丹国际城市规划会议后，卫星城的概念得以在世界各国广泛推广。后来，随着一部分卫星城职能的完善，人们将其改称为"新城"（Newtown）。

此后，在田园城市理论的影响下，美国展开了一系列新城建设实践。建筑师克拉伦斯·斯坦（Clarence Stein）和规划师亨利·赖特（Henry Wright）按照"邻里单位"理论模式，于1929年在美国新泽西州规划拉德本（Radburn）新城，1933年开始建设。其特点是绿地、住宅与人行步道有机配置，道路布置成曲线，人车分离，建筑

图3-9　拉德本居住小区规划建设模式图
资料来源：傅礼铭. 山水城市研究. 武汉：湖北科学技术出版社，2004。

密度低，住宅成组配置，构成口袋形，通过一组住宅的道路是尽端式的，相应配置公共建筑，把商业中心布置在住宅区中间。这种规划布局模式被称为拉德本体系（图3-9）。斯泰因又把它运用到20世纪30年代美国的其他新城建设，如森纳赛田园城以及位于马里兰州、俄亥俄州、威斯康星州和新泽西州的4个绿带城（图3-10、图3-11）。

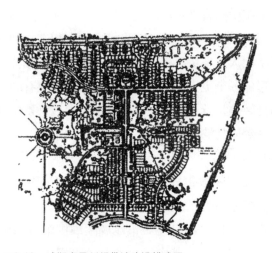 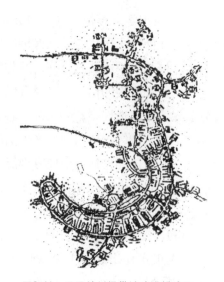

图3-10 威斯康星州绿带城建设模式图　　　　图3-11 马里兰州绿带城建设模式图
资料来源：傅礼铭. 山水城市研究. 武汉：湖北科学技术出版社，2004。

4. 欧洲生态空间规划思想演进与新城建设

英国生态学家格迪斯（P. Geddes）提出生态学区域论观点。格迪斯在其1915年发表的著作《进化中的城市》（Cities in Evolution）中强调将自然区域作为规划的基本构架。他还预见性地提出了城市将扩散到更大范围内而集聚、连绵形成新的城镇群体形态，包括城市地区（City Region）、集合城市（Conurbation），甚至世界城市（Word City）。

这一时期，新的建城模式在欧洲各大城市也相继产生，最具代表性的是英国昂温（R. Unwin）1922年提出的"卧城"（图3-12）、法国勒·柯布西耶（L.Corbusier）1930年的"光辉城市"，均体现了以生态学思想探讨城市的空间格局，关注城市的生态组织，表现出强烈的生态理念和亲近大自然的情感。

芬兰建筑师伊利尔·沙里宁（E.Saarinen）为缓解由于城市过分集中所产生的弊病而提出"有机疏散"理论。沙里宁在他1942年写的《城市，它的生长、衰退和将来》一书中对有机疏散论作了系统的阐述。他认为今天趋向衰败的城市，需要有一个以合理的城市规划原则为基础的革命性的演变，使城市具有良好的结构，以利于健康发展。沙里宁提出了有机疏散的城市结构的观点，他认为这种结构既要符合人类聚居的天性，便于人们过共同的社会生活，感受到城市的脉搏，而又不脱离自然。城市是一个有机体，城市形态也有生长、发育和成熟等阶段，应当关注城市系统的动态平衡和自组织特性，否则当"有机秩序"被打破时，城市就"生病"了。以有机城市为代表的建城思想不仅继承先贤，更展示了近现代学者对城市环境的思考和塑造，也为现代生态城市发展奠定了思想基础（图3-13）。

英国于1904年在离伦敦56km的莱奇沃斯（Letchworth）建设了第一个田园城市，面积为1514hm^2（图3-14）；1919年，在离伦敦很近的韦林（Welwyn）又建了第二个田园城市。伦

第三章 城市生态空间体系规划的理论基础

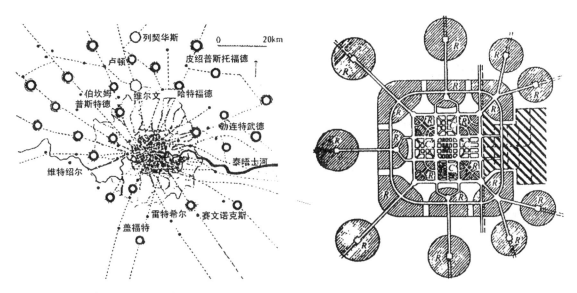

图3-12 昂温的大伦敦区田园城市群布局模式图
资料来源：傅礼铭. 山水城市研究. 武汉：湖北科学技术出版社，2004。

图3-13 沙里宁的大赫尔辛基规划示意图
资料来源：傅礼铭. 山水城市研究. 武汉：湖北科学技术出版社，2004。

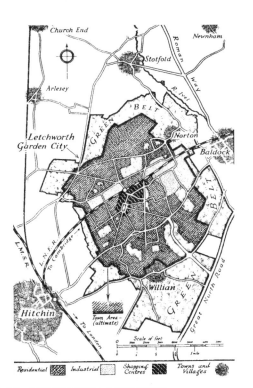

图3-14 莱奇沃斯田园城市规划示意图
资料来源：理查德. 伯克利. 生态城市伯克利：为一个健康的未来建设城市. 沈清基译. 北京：中国建筑工业出版社，2005。

敦郡的绿带规划也是田园城市理论最直接的影响反映，伦敦城市周围绿地环绕，适于居住生活，人口规模不大，城市功能健全，充分体现了霍华德田园城市的思想。

20世纪初是城市生态规划思想发展的第一个高潮，这个时期的城市规划虽然带有生态规划思想的应用，但很少使用生态学的学科语言，此外，这个时期的城市生态空间规划的理论也带有明显的"自然决定论"的色彩。

5. 生态空间规划思想的逐步繁荣

自20世纪60年代开始，全球范围内开始了对工业革命所带来的工业文明的反思，从而在全球掀起了生态热、环保热。城市生态空间体系的规划研究在这一大环境下走向第二个高潮。

20世纪60年代以来出现的景观规划、环境影响评价（EIA）、景观生态、生态系统管理、景观生态规划，都是生态与规划相结合的体现。以《寂静的春天》、《增长的极限》、《生存的蓝图》等为代表的著作的出版，使人们的生态意识空前觉醒，推动了国际社会对生态危机的关注，掀起了城市生态研究的高潮。

1971年联合国教科文组织发起的"人与生物圈计划"（MAB），提出了从生态学角度来研究城市的项目，指出城市是一个以人类活动为中心的生态系统，开始将城市作为一个生态系统来研究，内容涉及城市生物、气候、代谢、迁移、土地利用、空间布局、环境污染、生活质量、住宅、城镇化胁迫效应以及城市演替过程等多层面的系统研究。1973年召开了专家小组会，提出从系统的、整体的多因子角度来研究城市系统，主要目的是"研究人类及其环境之间的复杂关系，研究城市居住区及其农副产品之间的相互作用，以便为合理地规划人类居住区打下基础"。此后，城市生态学研究也进入了一个大规模发展阶段，其研究内容涉及社会、经济、文化、自然环境等各个方面，在实践过程中将城市生态学理论的探讨推向了一个新的高度。

具有代表性的运用生态手法进行规划的是宾夕法尼亚大学的麦克哈格（Ian L.McHarg），麦克哈格提出了规划结合生态思想的概念和方法，其代表作为1969年的《设计结合自然》（Design With Nature）。麦克哈格的研究方法称为生态的规划分析法，即规划在充分掌握各种自然条件和相关关系的基础上制定，规划的结果和产生的开发活动不应当对环境和生态系统产生严重破坏。

20世纪60年代，美国巴尔的摩市希望扩展到凡利斯地区，面对凡利斯地区多样化的自然景观和人文景观特征，麦克哈格和他的团队认识到有多种开发模式可供选择，于是研究了不同污水排放方式下的四种可行方案，最后规划将城市开发组团分布在缓坡地和一些高地上，河边洼地不被用于城市发展用地，凡利斯地区的农业因此得到了有效保护。由于麦克哈格对景观、工程、科学和开发之间关系的深刻把握，使凡利斯规划成为一个杰出的景观规划，也成为城市生态规划时代的标志。

麦克哈格的生态规划方法对后来的城市生态空间规划的影响很大，20世纪70年代以后的许多规划工作大多是遵循这一思路而展开的，并将这个框架称之为"麦克哈格方法"。

三、蓬勃兴盛阶段

1. 国际上对生态空间规划的进一步关注

进入20世纪80年代，环境保护运动逐步发展为以保护生物多样性、促进社会发展的持续性和循环性为基本内容的可持续发展概念。这一时期，国际上对于城市生态空间规划的关注上升到一个更高的层面。

继1978年联合国环境与发展大会提出了可持续发展概念后，1980年，国际自然保护同盟和联合国环境计划署共同发表了《世界环境保护战略》（World Conservation Strategy）报告。报告中明确了环境保护和开发的概念与关系，指出开发是"为了改善人类生活，对人、财政、生物和非生物等资源的利用活动"，保护则是指为了满足人类社会持续发展的要求，维持土地生产潜力，对自然界的开发利用所采取的控制行为。报告中提出了保护与开发相互结合的方针，即开发活动应该重视生态因素。

而后，在1984年的"人与生物圈计划"报告中提出了生态城规划的五项原则：生态保护战略、生态基础设施、居民的生活标准、文化历史的保护、将自然融入城市。

1987年，联合国环境与发展委员会发表了《我们共同的未来》（Our Common Future）报告，强调了环境保护对经济和社会的重要性，指出恶性开发所带来的生态灾难是导致发展中国家贫困的主要因素之一，并且提出了"人口抑制—可持续的开发—摆脱贫困—环境保护"的发展模式。报告认为，环境与开发、生态与经济具有密切的因果关系，不应当对立看待。

20世纪90年代左右，城市规划和生态规划得到进一步融合。1991年，国际自然保护同盟公布了《可持续社会发展战略》（A Strategy for Sustainable Living），确定了实现可持续的生活方式的战略措施。该战略重视以生态性的生活方式为中心的环境伦理、行为方式、社会与经济结构，提出了改善生活质量、保护生物多样性、改变个人生活态度和习惯等原则。

1992年，联合国环境与发展大会通过了《环境与发展宣言》和《全球21世纪议程》，确立了环境和发展的综合决策。其中，《全球21世纪议程》作为纲领性文件，要求变革现行的生产和消费模式，最少限度地消耗自然资源，强调经济、社会、环境的协调发展，并且系统论述了可持续发展的实施手段和措施。

1996年联合国第二届人类住区大会通过了《伊斯坦布尔宣言》和《人居议程》，可持续发展已成为时代的最强音，城市生态空间的地位和作用也越来越受到人们的重视。

欧盟20世纪90年代初提出了可持续发展人类住区的十项关键原则：开展资源消费预算、保护能源和提高能源使用效率、发展可更新能源技术、推广可长期使用的建筑结构、保持住宅和工作地彼此临近、发展高效的公共交通系统、减少垃圾产生量并回收垃圾、使用有机垃圾制作堆肥、形成循环的城市代谢体系、生产当地所需的主要食品，这些也被认为是生态城市的基本概念。

2. 景观生态学的迅速发展

20世纪80年代以来，景观生态学也开始得以迅速发展。1982年麦克哈格的又一著作《自然的设计》进一步阐述了他的生态规划思想。莱尔（Lyle）和特纳（Tuener）继承了麦克哈格的生态方法思想，将绿地规划和自然生态系统保护相结合。书中最典型的案例就是沃辛顿河谷地区"绿道"或者绿色空间规划的一章，为了保护河谷基地（Valley Floor）避免发展，大约一半的面积是"绿道"或绿色网络空间（图3-15）。

莱尔和特纳的绿地配置模式中关于群落、廊道的应用反映了景观生态学的原理。景观生态学是就景观单

▨ 河谷基地
▨ 河谷绿道

图3-15 沃辛顿河谷基地绿色网络空间规划示意图
资料来源：苏伟忠，杨英宝. 基于景观生态学的城市空间结构研究. 南京：科学出版社，2007。

元的类型组成、空间配置和生态学过程相互作用的综合性学科，提出"斑块、廊道、基质"模式。景观生态学越来越注重对生物空间的研究，并且将生物空间系统的构筑和绿地规划、城市规划相互结合，使开发建设活动对自然生态系统的消极影响降到最低点。作为对麦克哈格生态规划所依赖的垂直生态过程分析方法的补充和发展，景观生态学着重于对穿越景观的水平流的关注，包括物质流、物种流和干扰，如火灾的蔓延、虫灾的扩散等。这种对土地的生态关系认识的深入，为景观生态规划提供了坚实的科学基础。

景观生态规划（Landscape Ecological Planning）模式是继麦克哈格的"自然设计"之后，又一次使城乡规划方法论在生态规划方向上发生了质的飞跃。如果说麦克哈格的自然设计模式摒弃了追求人工的秩序（Orderliness）和功能分区（Zoning）的传统规划模式而强调各项土地利用的生态适应性（Suitability and Fitness）和体现自然资源的固有价值，景观生态规划模式则强调景观空间格局（Pattern）对过程（Process）的控制和影响，并试图通过格局的改变来维持景观功能流的健康与安全，它尤其强调景观格局与水平运动和流（Movement and Flow）的关系。景观生态学与规划的结合被认为是走向可持续规划最令人激动的途径，也是在一个可操作界面上实现人地关系和谐的合适途径，引起了全球科学家和景观规划师们的极大关注。

应该说，欧洲的景观生态学以德国为中心展开，受地理科学、植物社会学、生物控制论影响较深，北美的景观生态学在继承欧洲学派的特点基础上，更加侧重于生态学、空间格局分析和岛屿生物地理学。德国的景观生态学注重对生物空间（Biotop）的研究，在

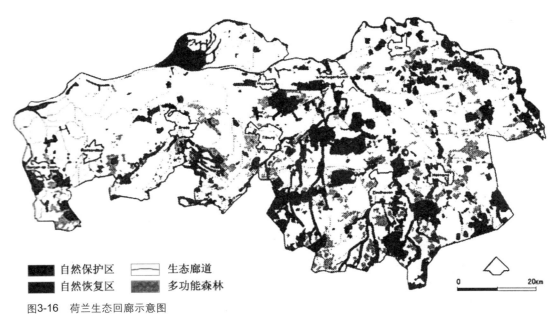

图3-16 荷兰生态回廊示意图
资料来源：张浪. 特大型城市绿地系统布局结构及其构建研究. 北京：中国建筑工业出版社，2009。

1986年修订后的德国自然保护法中，列举了沼泽地、湿地等20种以上的生物空间。生物空间和生物廊道构成生物空间系统（Biotopverbundsystem）。根据Jedicke的理论，生物空间系统由四方面构成，包括：大规模的保护区，为动植物提供持续的、安全的生物空间；大规模保护区之间的生态岛，为生物在大规模保护区之间的移动提供途径和短期的栖息空间；连续性的生态廊道，在保护区和生态岛之间为生物的移动和循环提供路径；促进个别生物空间被更多生物利用的过程，如通过减少农药的投放量和改变耕作方式促进粗放型农业向集约型、生态型农业转变，使农业地区成为更多生物的栖息地。为了更好地保护生物多样性，欧洲国家还开始建设跨国的生态空间系统网络。如荷兰正在实施其国家生态回廊战略，通过生态回廊将自然保护区、多功能森林、自然恢复区等连接成绿色网络（图3-16）。欧盟也在进行覆盖大部分欧洲地区的欧洲生态网规划。

从1981年开始，欧洲景观生态学被逐渐介绍到美国，1986年Forman和Godron出版了《Landscape Ecology》一书，极大地推动了北美景观生态学的发展，同年成立了美国景观生态学会。1986年，美国政府提出了评估乡村历史景观的导则，政府认识到乡村文化景观应该被记录并保护下来，在美国形成了声势浩大的运动，来推动认识和保护具有区域特色的景观。David Nicholson-Lord 在1987年出版的专著《城市的绿色》（The Greening of the cities）中，详细地论述了将维持生态系统的绿地空间网络化的重要性。他高度评价了美国城市公园系统在生态建设上的意义，认为将城市中的绿地和开放空间有机地连接起来，可以有效地维持生态构造。因此，他主张将从生态的角度实现绿地系统化作为城市基本战略。

城市生态空间规划的相关理论研究在近20年间发展势头迅猛，国际上作了大量有意义的探索和实践。由此我们可以认识到，关于城市生态空间规划理论的核心在于认为城市的发展存在生态极限，城市生态空间规划与建设实际上是对城市生态要素的综合整治目标、程序、内容、方法、成果、实施对策全过程进行规划建设，同时也是实现城市生态系统动态平衡、调控人与环境关系的一种有效手段（王祥荣等，2004）。当前，全球生态安全、区域生态服务和人群生态健康被认为是21世纪当代生态学最紧迫的三大前沿议题，而这些议题都和城镇化、工业化密切相关，也是当前生态学从郊野走向城市，从经院走向社会的标志。

第二节 国内城市生态空间规划的理论研究

一、中国古代的生态学思想

中国关于城市生态空间规划的理论渊源可追溯到春秋战国时期。"天人合一"、"象天法地"的系统整体辨识方法形成了特有的中国传统文化的思想精髓，也形成了指导中国古代城乡建设的思想基础和技术方法。"天人合一"是中国哲学史上一个重要的命题，是中国文化、中国哲学的基本精神，是中国哲学对天人关系的总体认识。《周易·文言传》载："夫大人者与天地合其德，与日月合其明，与四时合其序，与鬼神合其吉凶，先天而天弗违，后天而奉天时。"

中国古代对于生态空间规划的思想首先反映在人与土地、食物之间的关系上。公元前390年后，商鞅第一个提出了具有生态思想的认识。即：人口与土地必须平衡，并提出具体比例为：方圆百里土地可养活5万人，生态系统的组成为山、丘陵10%，湖沼10%，溪谷、河流10%，城镇道路10%，劣田20%，良田40%。商鞅主张增加农业人口，首次提出农业人口与非农业人口比例为100∶1，最多不小于10∶1，并采取一系列的政策鼓励从事农业。商鞅的这些思想在一定程度上影响了中国古代城市的发展。

春秋时代，儒家始祖孔子以山比德，以水比智，提出了"比德山水"之说。子曰："知者乐水，仁者乐山，知者动，仁者静。知者乐，仁者寿。"这种比德论的山水观已具有人性的内容，它开始摆脱对山水直接的物质性功能，代之以超然的精神性功能。

战国时代对城乡空间生态建设的思想散布在《禹贡》、《周礼》、《管子》等名著之中，较多地反映了我国古代因地制宜利用土地、趋利避害聚落选址等人居环境建设思想。如在城市建设和选址方面，我国古代城市注重生态与自然环境条件，讲究城市位置选在依山傍水，肥田沃野，森林资源丰富，宜农宜牧，气候宜人之处。公元前289年后的重要著作《管子》提出了一些城市建设和选址的原则，其思想内容具有朴素的生态思想。如《管子·度地》提出，"圣人之处国者，必于不倾之地，而择地形之肥饶者，乡山左右，经水若泽。内为落渠之写，因大川而注焉"，即城市选址要用水方便，排水通畅；《管子·乘马》又载："凡立国都，非于大山之下，必于广川之上，高毋近旱而水用足，下毋近水而沟防省。因天材，就地利，故城郭不必中规矩，道路不必中准绳"，均反映了我国古代顺乎自然、因地制宜的城市建设思想。公元前238年，荀子提出减少工商业人口，国家才能强盛的主张，即工商业人口的多少取决于农业生产者所能提供的剩余粮食。公元170年，第一次有学者提出人口在不同地区合理分布的观点，这是中国早期的生态空间布局思想。

在人与自然的关系上，我国古代也有一定的生态规划思想萌芽。如《孟子》一书中载"数罟不入洿池，鱼鳖不可胜食"，意思是说如鱼池中不用细网打鱼，则水产吃不完。在贾思勰所著的《齐民要术》一书中，生态学的观点也非常突出，如"顺天时，量地理，则用力少而成功多"，"任情返道，劳而无获"，"良田宜种晚，薄田宜种早"，也说明如果种植农作物符合当地气候和土壤的生态条件，可收事半功倍之效。

中国古代城市建设强调整体观念和长远发展，强调人工与自然环境的有机和谐，推崇天人合一的哲学思想，持续发展的生存意识，融入自然的生态追求，因地制宜的形态法则。其中，天人合一的哲学思想是我国古代城市建设的重要特色，也是生存意识、心态追求、形态法则的思想源泉。

中国古代的"风水"学追求"天人合一"，其实质蕴含了人与自然和谐共处的思想。"风水模式"是在古时哲学观念和民族意识的支配下，为了选择与建造城市、村落、住宅等生活环境而发展起来的环境认知思想与方法体系，是我国古代融合对自然、对人性的崇拜，探求安居乐业的理想城市的空间结构模式。这一模式支撑着我国几千年城镇发展的生态脉络，影响和支配着我国古代城镇布局模式。风水思想以传统哲学的阴阳五行为基础，融合了地理学、气象学、景观学、生态学、建筑学、心理学及社会伦理道德等方面的内容，提倡"人之居处，宜以大地山河为主"，主张与自然融为一体，筑屋建房之前，须"相土尝水"，观察基地环境，使居住点与山水有机结合。若抛弃其具体操作的技术方法，究其内涵，现代生态学家处理人与自然的方式甚至越来越与风水学中的古代中国人对待人与自然关系的方式相吻合（图3-17）。

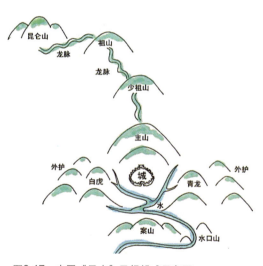

图3-17 中国"风水"思想模式示意图
资料来源：http://www.fangguangsi.org/

二、中国近现代城市生态空间规划理论的发展

近现代，我国基于城市规划和生态规划之间关系的研究逐步展开，相对于国际上对生态空间规划的研究而言，我国的研究起步较晚，发展历史还很短暂，但也取得了不少研究成果。

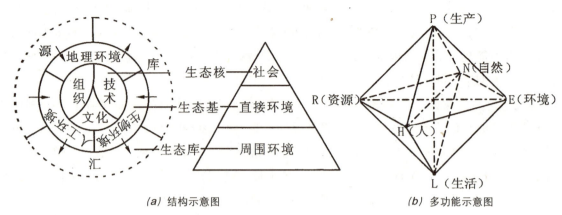

(a) 结构示意图　　　　　　(b) 多功能示意图

图3-18　社会-经济-自然复合生态系统模型图
资料来源：马世骏，王如松.复合生态系统与持续发展复杂性研究.北京：科学出版社，1993。

我国对城市生态空间的研究和规划建设，既体现出对我国传统文化的继承，又体现出对国际生态空间规划研究和建设成果借鉴的特点。国内学者对城市生态空间规划理论和建设的研究，主要集中在生态城市理论、生态城市的指标体系、生态城市建设规划与设计、生态城市建设模式和实施途径以及针对生态城市建设的专项研究等方面。

1984年，我国著名生态学家马世骏和王如松提出了"社会—经济—自然复合生态系统"理论，明确指出城市是典型的社会—经济—自然复合生态系统（Social-Economic-Natural Complex Ecosystem，即SENCE），为生态学、地理学参与城市生态研究提供了有力的理论指导（图3-18）。在此基础上，王如松等对城市问题和生态城市进行了深入的研究，认为城市问题的生态学实质如表3-1所示。1994年，王如松等提出了建设"天城合一"的中国生态城思想和生态控制论原理，继承了我国古代"天人合一"的思想内核，认为生态城市的建设要满足人类生态学的满意原则、经济生态学的高效原则、自然生态学的和谐原则以及胜汰原理、拓适

城市问题的生态学实质　　　　　　　　　　　　　　表3-1

问题	原理	对策	方法论	目标
资源的低效率利用	再生、竞争	技术改造	生态工艺学	高的效率
系统关系的不合理	共生、协同进化	关系调整	生态规划学	和谐的关系
自我调节能力低下	自生、自学习	行为诱导	生态管理学	强的生命力

资料来源：王祥荣.生态建设论—中外城市生态建设比较分析.南京：东南大学出版社，2004。

原理、生克原理、反馈原理、乘补原理、扩颈原理、循环原理、多样性及主导原理、生态设计原理和机巧原理等。此外，还提出了生态城市的管理和规划方法。

1990年，钱学森先生提出"山水城市"的概念，指出"人离开自然又要返回自然，社会主义的中国，能建造山水城市式的居住区"。钱先生对山水城市理论的阐述，其核心要义为：把中国的山水诗词、中国古典园林建筑和中国的山水画融合在一起，使人离开自然又返回自然；山水城市是中外文化的有机结合，是城市园林与城市森林的结合；山水城市是充分利用现代科学技术成果的高技术城市；山水城市是21世纪社会主义中国的城市构筑模式。钱先生的山水城市倡导，推动了城市科学的建立和发展，同时也引导了后来的城市学研究者对城市生态研究的关注。

20世纪90年代以后，我国的规划和建筑学界对于生态空间规划的研究也取得了重要成果，黄光宇和俞孔坚是其中的代表。黄光宇1993年在乐山地区规划中因地制宜地提出了"绿心环形"生态城市结构模式。这一空间模式从两个层面展开，区域层面建立以乐山中心城区为主体的包括周边几个城区的复合城市空间结构体系，构建了"山水中的城市，城市中的山林"大环境圈构架；城市层面建立了乐山绿心环形结构模式，城市中心为一永久性绿地，城市围绕它环状发展，城市外围有自然森林大环带。这一城市结构模式，体现了"天人合一"、人与自然和谐统一的东方哲学思想，也汲取了霍华德田园城市理论的精华。1997年，黄光宇等又从复合生态系统理论角度界定了生态城市的概念，认为生态城市是根据生态学原理，并应用生态工程、社会工程、系统工程等现代科学与技术手段而建设的社会、经济、自然可持续发展，居民满意、经济高效、生态良性循环的人类住区。同时，他从社会、经济和自然三个系统协调发展角度，提出了生态城市创建的十项标准；从总体规划、功能区规划、建筑空间环境设计三个层面探讨了生态城市的规划设计对策，提出了生态导向的整体规划设计方法。此后，黄光宇等学者又从人类文明发展史角度提出了城市生态化发展模式，论述了城市生态化及其发展对策，并从生态哲学角度探讨了生态城市的内涵，认为生态城市包含社会生态化（目的）、经济生态化（条件）、自然生态化（基础）和社会—经济—自然复合生态化（前提）方面的内容，最终提出了建设生态城市实施步骤的设想，即"三步走"的生态城市演进模式：起步期（初级阶段）、建设期（过渡阶段）和成型期（高级阶段）。俞孔坚的城市生态建设理论和实践主要集中在城市景观规划和城市建筑方面，他认为城市的生态基础设施建设是城市及其居民持续获得自然生态服务的保障。

从国家层面看，1994年3月，我国政府率先制定了《中国21世纪议程》，即中国21世纪人口、环境与发展白皮书。1998年11月，国务院颁发了具有重要历史意义的《全国生态环境建设规划》，对到21世纪中叶全国的生态环境建设进行了总体部署。

第三节 国内外理论研究综述

对于城市生态空间规划的研究，国内外在理论探索上均有着丰富的成果，从研究成果的思想内容上看，国内外在不同时期的研究基本涵盖了可持续发展的各个方面，在一定程度上体现出共同的理论基础，为我们在中国现阶段国情下，研究城市生态空间体系规划提供了重要的理论支撑。

一、国内外理论研究的共性基础

1. 可持续发展理论

可持续发展理论是城市生态空间规划的重要理论基础。可持续发展是当前世界各国共同倡导的协调人口、资源、环境与经济相互关系的发展战略。其核心思想在于，健康的经济发展应建立在生态可持续发展、社会公正和人民积极参与自身发展决策的基础上。可持续发展包括生态可持续、经济可持续和社会可持续，三者之间相互关联且不可分割。其中，生态可持续是基础条件，经济和社会可持续是发展目标。由于不同国家和地区具有不同的社会经济基础、意识形态和环境消费观，所强调的可持续发展的概念模式也不尽相同，但从本质上看，可持续发展就是要实现人与自然、人与人之间的协调与和谐，要求在资源永续利用和环境得以保护的前提下实现经济与社会的发展。所以，生态可持续发展是可持续发展的物质基础和内在保障。特大城市的生态空间体系规划一定要基于可持续发展的系统观、整体效益观、人口观和资源环境观来进行。

2. 复合生态系统理论

复合生态系统理论认为，虽然社会、经济和自然是三个不同性质的系统，都有各自的结构、功能及其发展规律，但它们各自的存在和发展均受其他系统结构、功能的制约。此类复杂问题显然不能只单一地被看成是社会问题、经济问题或自然生态问题，而是若干系统相结合的复杂问题（马世骏，1981）。复合生态系统具有生产、生活、供给、接纳、控制和缓冲功能，构成错综复杂的人类生态关系，包括人与自然之间的促进、抑制、适应、改造关系，人对资源的开发、利用、储存、扬弃关系以及人类生产和生活活动中的竞争、共生、隶属、乘补关系（王如松，2000）。

城市作为人类经济和社会等各项活动最为集中的场所，是典型的社会—经济—自然复合生态系统，城市发展中出现的若干生态问题的实质就是复合生态系统的功能代谢、结构耦合及控制行为的失调。城市生态空间体系规划需要对城市这一复杂系统的组成、结构、功能、生态过程及其动力学机制进行辨析，并以此为基础进行规划。

3. 人地和谐共生理论

人地关系和人地系统研究的主要目标是从空间结构、时间过程、组织序变、整体效应、协同互补等方面去认识和寻求区域范围内人地关系系统的整体优化、综合平衡及有效调控的机理，最终协调人地之间的关系。

吴良镛在1999年世界建筑师大会上宣读的《北京宪章》中描绘：我们的时代是个"大发展"和"大破坏"的时代。我们不但抛弃了祖先们彰显人地和谐的遗产——充满诗意的文化景观，也没有汲取西方国家城市发展的教训，用科学的理论和方法来梳理人与土地的关系。大地的自然系统在城镇化过程中遭到彻底或不彻底的摧残。过去20多年来的中国城市建设，在很大程度上是以挥霍和牺牲自然系统的健康和安全为代价的，而这些破坏本可以通过明智的规划和设计来避免，包括大地破碎化、水系统瘫痪、生物栖息地消失等等。

快速城镇化时期的城市拓展是必然的，但同时我们也应清楚地认识到，自然系统是有结构的，土地资源也是有限的。协调城市与自然系统的关系绝不是一个量的问题，更重要的是空间格局和质的问题，也就是说，只有通过科学、谨慎的城市空间规划，对土地系统的干扰才会大大减少，许多破坏才有可能被避免。

增强城市对自然灾害的抵御能力和免疫力，不在乎一定要用现代的"高科技"武装自己，而在于充分发挥自然系统的生态服务功能，增强生态系统的免疫力。在城市的生态空间体系规划中，根据自然的过程和它所能留给人类的生态安全空间来选择我们的栖居地，来确定我们的城市形态和格局，才能实现真正意义上的"人地和谐"。在当前快速的城镇化进程中，在大规模人地关系的调整机会中，我们有条件，也必须"逆"过来做我们的城市发展规划，即进行"反规划"（俞孔坚等，2005），首先建立城市的生态安全格局，以此来定义城市的空间发展格局，这也是人地和谐共生理论在城市生态空间体系规划中的应用。

二、当前存在的主要问题

从我国当前城市生态空间规划的研究成果来看，关于城市生态空间体系的研究成果虽较为丰富，但受理论发展阶段中实践认识水平所限，尚存在一些不尽如人意的地方，主要体现在：

（1）现有城乡规划体系中尚未对城市生态空间规划给予相应的体系定位。生态空间规划的地位未得到足够的重视，为了总体规划的内容完整性，生态专项规划容易成为有名无实的附属品。并且，国内城市规划学界和生态学界目前尚未做到跨学科的真正联合，难以见到由生态学、环境学、城市规划等各方专业人士组成联合团队共同深入细致地开展生态空间规划研究工作。

（2）城市生态空间规划仍缺乏成体系的理论基础。现行的城市生态空间规划在对生态空间的构成、结构、规模、布局安排上主观性较强，往往缺乏足以说服人的理论与研究依据。即使目前在许多的城市绿地系统规划中引入了生态保护地、绿廊、蓝道等概念，但在实践中也多是主观地就地画圈、画线，究其原因，很重要的一点是城市生态空间规划的理论基础还没有真正形成系统。

（3）缺乏既定的生态空间规划的规范和标准。例如，常用的衡量城市生态空间质量的绿地指标存在一定的缺陷。最常用的四大指标，即人均绿地面积、人均公园绿地面积、绿地率、绿化覆盖率表现了城市绿化的整体水平，容易进行横向比较，但在实际应用中却存在许多具体的问题。第一，城市面积是绿地指标计算的重要基数，然而对于城市建成区的界定具有很大的主观性，必然影响到绿地指标的客观性和可比性；第二，这些指标只能单纯地表达城市绿地的数量特征，而不能表示城市绿地的空间布局情况，有研究表明，当城市绿化覆盖率小于40%时，绿地的生态效益高低在很大程度上取决于其空间布局，并且，城市绿地的空间布局也决定其对于居民的可达性、其自身的抗干扰特征和生物多样性；第三，这些指标只能反映绿地的二维平面特征，而实际上城市绿地的群落层次、生物量对其生态效益也有着很大的影响，例如，在面积相同的情况下，林、灌、草复层绿地对大气污染物的吸收功能远大于人工草坪。

（4）目前我国城市规划体系受部门权限范围的限制，对城市空间范围外的城乡环境涉及较少。受此影响，虽然目前已有一些针对生态空间体系的相关规划，但是多集中在城市建设区内部，而缺乏从城乡统筹、城乡生态互动的角度考虑区域生态空间规划的问题，城市生态空间规划的范围过小，未能考虑到城市的区域生态腹地，故在一定程度上存在就城市论城市的现象。

我们认为，生态空间规划的范围应以城市生态系统为核心，并涵盖与城市发展关联密切的区域影响范围，将区域内城市与乡村生态环境统筹考虑。因为城市本身只是个不完整的生态系统，只有与周边区域及乡村环境统筹考虑才能实现各种生态流的循环与生态平衡。特别是对于特大城市的生态空间体系规划而言，必须以城市与乡村整体空间为背景，以各种城乡生态关系为依据，强调物质空间建设与自然生态协同发展，才能更好地实现城乡建设与生态环境和谐的目的。

（5）受城市规划与管理体制的不衔接影响，空间规划往往多局限于物质空间的设计，生态空间规划的介入虽然强化了城乡与自然之间的关联，但也多体现在空间设计上，而对于如何保障生态空间规划有效落实到实际城乡建设之中去的规划实施管理层次则往往缺乏系统深入的研究。

三、规划应注重的主要问题

针对当前生态空间规划研究和实践中存在的若干问题，我们应在立足于中国国情的基础上，在城市生态空间体系规划中充分考虑以下几个问题：

（1）注重生态空间体系规划视野的扩大。生态空间体系由单纯关注城镇建设区内部绿地系统向区域视野拓展，以环城绿带、区域性楔形绿地等多种形式构建贯通城市内外的全域的生态空间网络体系。城市生态规划应与农村、区域生态规划融为一体，考虑生态腹地。城乡规划学科在由其空间规划的本质向社会、经济规划延伸或过渡的同时，空间研究范围也应从城市建设区内部空间扩展到区域空间层次，涵盖城市与城郊、乡村的空间范畴。

（2）注重生态空间总量的控制。以市域空间为研究范畴的生态空间总量研究是确定各类各级生态用地空间布局的基础。生态足迹、景观生态学等生态规划的研究方法可以作为总量研究的有效基础。特殊情况下可对生态空间内部地块进行适当的调整，但总量要始终保持一个动态的平衡。

（3）注重生态空间体系的整体性保护。城市生态空间体系的构建与保护从要素、体系的完整性，生态效应发挥的最优性等方面展开，并从区域层面对城市生态空间系统进行研究，区域范畴的可持续发展成为城市生态空间保护研究的重要课题。

（4）注重保护和利用的结合。生态空间的保护是前提，合理利用是关键。生态空间体系用地范围内可适度建设一定的"游憩空间带"，为居民提供旅游、休闲、娱乐场所，但这种建设不能影响到生态空间的保护，不能破坏绿地的生境。

第四章 国内外特大城市生态空间规划的实践与模式研究

伴随着城市生态空间规划理论研究的深入，国际上许多城市先后开展了积极的实践与探索，本章选取较为典型的国内外城市案例，如伦敦、巴黎、莫斯科、北京、上海、广州等，针对它们所处的不同发展阶段，对其规划实践及管控策略进行了归纳，并总结提出特大城市生态空间体系构建的基本模式。

第一节 国外特大城市生态空间规划与建设

国外特大城市的生态空间规划起步较早，从最早单纯的环境改善目标，发展到后期综合了生态游憩、综合防灾以及历史文化保护等多方面的要求，有力地支撑了城市的可持续发展。从建设历程上看，大多数国外特大城市的生态空间体系的构建都是在其快速城镇化阶段得以完成，政府主要通过规划、相关配套政策引导城市生态空间的建设发展，实现城市建设和生态保护的和谐统一。

一、大伦敦环城绿带

1. 背景

19世纪，随着工业的快速发展，人口增多、环境恶化已成为伦敦城市发展的主要问题。1833年英国议会颁布了系列法案，开始准许动用税收建设城市公园和其他城市基础设施，首次提出通过公园绿地建设来改善城市环境。1940年《皇家委员会关于工业人口分布的报告》（简称巴罗报告）的结论、工作方法以及按照其建议所开展的后续工作直接影响了包括大伦敦规划在内的英国二战后城市规划编制与城市规划体系的建立，在英国城市规划史上占有重要地位，对伦敦公园绿地建设也影响巨大。

1910年，佩普勒（G. Pepler）首次提出在距离伦敦市中心16km的圈域设置环状林荫道的方案。1927年，昂温（R. Unwin）在编制大伦敦区域规划中提出用一圈绿带把现有城市地区圈住，将多余的人口和就业岗位疏散到外围"卫星城镇"中去，在卫星城和母城之间以农田或绿带隔离作为开放空间，并保持便捷的交通联系。1938年，伦敦郡议会通过了大伦敦《环城绿带保护法》（Green Belt Act），并规定由地方政府负责环城绿带内的用地购买，根据该法案购买的绿地面积达到14175km^2。1947年，由《英国城镇与乡村规划法》进一步确定了伦敦市区周围保留13~14km宽的环城绿带。

2. 规划与实践

阿伯克隆比（P. Abercrombie）于1942~1944年主持编制了大伦敦规划，并于1945年由政府发布。该规划提出在伦敦地区半径48km范围内人口规模保持基本稳定的前提下，在当时伦敦建成区之外设置一条宽约8km（5英里）的"绿带"，用来阻止城市用地的进一步扩张。大伦敦规划按照由内向外的顺序规划了四个圈层，即：内圈、近郊圈、绿带和外圈（图4-1）。

英国政府为环城绿带政策设立了5个目标：阻止大规模建成区的无限制蔓延；防止相邻的几个城镇连成一片；帮助保护乡村地带不受到蚕食；保护历史名镇的布局和特色；通过鼓励循环再用废弃地和其他城市土地以助城市的再更新。

1964年，政府对伦敦郡绿带（Metropolitan Green Belt）范围进行认定后，在现状土地利用调查的基础上确定了非城市建设区范围，面积达到55600hm^2，占伦敦郡总面积的35%左右。其中，农业耕地占36%，公共空间占29%，荒废地占10%，私人开放空间占12%，其他运动场、墓园、苗圃以及采矿用地共占13%。

经过数十年的保护和建设，伦敦形成了规模大、绿地率高的生态空间框架，绿地和水体占土地面积的2/3。其中，城区内大型绿地占比较高，大于20hm^{2}的大型绿地占绿地总面积的67%（表4-1）。绿地系统形成绿色网络（Green Network），环城绿带呈楔入式分布，通过绿楔（Green Wedge）、绿廊和河道，将城市各级绿地联成网络。

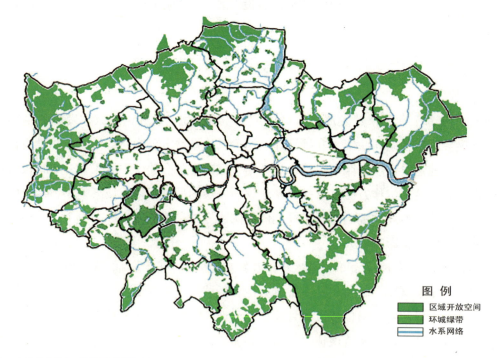

图4-1　大伦敦规划·绿地系统规划图
资料来源：The London Planning Advisory Committee. Planning for Great London-A guide to LPAC's strategic Polices for the green & built environment.1998.

伦敦公园的数量、面积和规模特征　　　　　　　　表4-1

公园类型	面积等级（hm²）	数量（个）	比例（%）	面积（hm²）	比例（%）
小游园	<2	776	45.25	649.6	4.05
社区公园	2~20	746	43.50	4910.8	30.58
区级公园	20~60	132	7.70	4332.9	26.98
市级公园	>60	61	3.55	6164.0	38.39
合　计		1715	100	16057.3	100

资料来源：Stuart Carruthers, Jane Smart, Tom Langton, et.al.Green Space in London.London：The Greater London Council, 1986。

伦敦生态空间建设包括五个方面的主要特色：开敞空间标准（Open Space Standards）、环城绿带（the Green Belt）、内在联系的公园系统（an Interconnected Parks Systems）、公园分级系统（a Park Hierarchy）、自然保育和绿链（Nature Conservation and Green Chains）。在此基础上，近年来伦敦通过加强绿地空间的公众可达性、绿地的连接性进一步提高和拓展大型绿地的影响和服务半径，形成高质量的生态空间。

3．空间管制策略

在伦敦郡环城绿带建设初期，政府主要采用限制开发的管理方式，根据1947年的《城乡规划法》控制环城绿带内的土地开发。《城乡规划法》并未规定将土地收为国有，但规定国家拥有土地的开发权，环城绿带中的任何专门的开发都必须得到地方政府的批准。英国政府规定："除了非常特殊的情况，任何对绿环有害的开发都不会被批准。"英国《绿环政策指引》规定："一旦绿环的宽度被批准后，只有在特例的情况下才允许改变，如果申请改变必须先考虑在绿环内市区或绿环外发展的可能性，由已被采用的地方规划或较早已被批准的发展规划确定的绿环的详细边界也只有在特例的情况下才允许改变，在地方规划修订和更新时，现存的绿环边界不允许作改变，除非已被批准的结构规划或其他特例情况需要这种改变。"

伦敦郡环城绿带的实践在20世纪30~40年代主要用于限制大城市的蔓延，第二次世界大战后，转为致力于城市的有序扩张。在环城绿带中的建设严格遵循准入制度，《1995年政府政策指引》列出了在绿环内允许开发的项目类型，包括：农业、林业、户外运动和户外游乐、公墓、现有房屋的限制性改善、现有村庄的限制性再建、现有发达地区的限制性开发或再开发、现有建筑的翻新再用、矿物提炼和一些诸如大学的开发等。

二、巴黎区域环城绿带

1．背景

巴黎地区的城市发展在相当长的一段时期内呈"摊大饼"式地从老市区逐步向外蔓延，

这种发展模式使得城市的边缘地带（一种过渡空间，既有农业和森林，也有住宅和大型设施）成为被城市蔓延蚕食的对象。为了阻止这种趋势，巴黎地区议会在绿化管理处的提议下，对城市边缘地带制定了新的政策，决定在城市聚集区周围开辟环形绿带。1995年，巴黎大区区域环城绿带规划（Regional Green Plan，1995）将绿带列为巴黎大区未来发展的主要项目。

2. 规划与实践

1995年巴黎区域环城绿带规划中，将自然与文化传统保护同经济与社会发展及"绿色旅游"联系在一起，建立完整的城市生态空间系统，在城市中构建绿色廊道和环城绿带。巴黎的环城绿带主要由绿地和农业用地构成，与城市边缘地区的用地特点相一致。纳入巴黎环城绿带范围内的控制要素主要包括：森林、公园、农业用地、绿地、水面、公共娱乐场所以及采石场遗址等。除了重要的生态要素外，一些有大片绿地的公共活动场所和闲置用地、旷地、需治理的废弃地等也被纳入环城绿带。环形绿带设置在距市中心10～30km范围内。

该规划将绿带视为巴黎大都市区空间组织的基础，绿带由三类空间形式组成：在土地利用分类中界定的绿色空间，如国有的林地、森林、农田和城市公园；界定为具有功能性基础的空间，如以特定土地政策保护的农田等；被确定为生态修复的廊道和市民可达的线状空间，如线形的自然环境、绿色廊道、延展的河道与沟渠等。巴黎将区域自然公园视为土地利用发展的关键以及规划工具，力图通过它们整合城市绿色空间和郊区外围主要的农用地和林地，以形成一个区域绿色开放空间系统，使城乡空间协调互补。为此，巴黎区域专署提出创建和管理多样化的区域自然公园，其建设目标是使区域自然公园在郊区绿带总面积中的比重达到1/4（图4-2）。

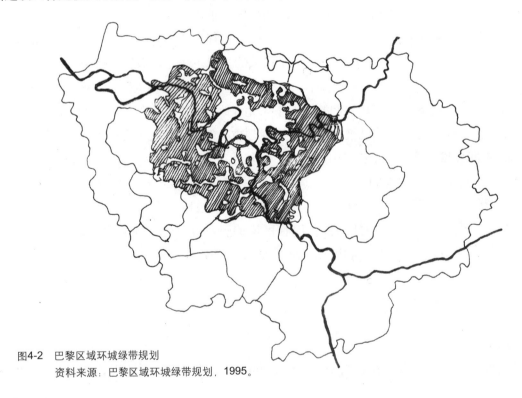

图4-2 巴黎区域环城绿带规划
资料来源：巴黎区域环城绿带规划，1995。

巴黎的环城绿带主要由10多个绿树茂密的高地组成，其中大部分是国有的，规划的主要目的是强化这些高地并使它们互相连接，以形成集聚区与农业区之间的分隔。环城绿带的主要功能是控制城市界线和保护农业，促进娱乐游憩活动的开展，提供自行车和步行者使用的羊肠小道、公共绿地和娱乐空间（表4-2）。

巴黎区域环城绿带面积分配表　　　　　　　　　　　　　表4-2

用地种类	面积（km²）	（%）	用地种类	面积（km²）	（%）
一、对公众开放的公共或私人绿地			二、私有的，需加强保护的旷地		
现有公共绿地	305.10	26	需进行土地特殊保护的农业用地	101	8
正在开辟或规划中的绿地	50.80	4	其他农业区	359.10	30
新建设的绿地	130.10	11	私人树林和花园	68.10	6
对公众开放的私人绿地	8.80	1	小计	528.20	44
现有公共娱乐场所和水面	49.80	4	三、环城绿带附属用地（带大片绿地的各类公共活动场所和需治理的采石场）	80.00	7
规划公共娱乐场所和水面	34.20	3			
小计	578.80	49	环城绿带涉及地区总面积	1187.0	100

资料来源：巴黎区域环城绿带规划，1995。

巴黎的环城绿带按不同情况以不同形式环绕集聚区展开，有森林的地区绿带放宽，建成区内绿带收缩，绿带的宽度不一，被城市建成区切断的地方设置绿色连接线，最小宽度不低于30m，以不间断的环形布置方式保证绿带的连续性。环城绿带连续不断可使各类绿地互相连接、互相补充，以建成网状步行系统，方便居民接近绿地。

3. 空间管制策略

巴黎的环城绿带不仅保护了城市边缘区的农业，开辟大片绿地以保证城市与乡村的合理过渡，而且有力控制了城市的蔓延扩张。其空间管制主要体现在以下两个方面：

（1）绿带边界的稳定性。当绿带的边界被确定以后，很少再有大的变动，绿带的边界得到相关法律的保护，任何组织和个人都无权擅自改动绿带的边界，即使要有所变动，也要经过严格的审批程序，这就保证了绿带边界的稳定性。

（2）绿带面积的动态平衡。在特殊情况下可以对绿带的内部空间进行适当的调整，但绿带总量要始终保持一个动态平衡。

三、莫斯科绿色城市

1. 背景

莫斯科曾一度被人称为"沙漠城市"。1930年,莫斯科开始实施名为"绿色城市"的城市改建方案,经数十年的建设,到20世纪70年代,建成了具有相当规模的城市绿地系统,包括11个森林公园、84个文化休憩公园和700多个街心公园,市内由8条绿带为经络伸向市中心,将市区各公园与城市外围的森林公园连接成为一个绿色网络。1991年初,新一轮莫斯科城市规划把建设"生态环境优越的莫斯科地区"作为城市发展的最终目标之一,要求莫斯科2000年的人均绿地面积比1991年增加约30%。

2. 规划与实践

莫斯科的城市绿地和水域系统包括森林公园、大面积森林绿地、河谷绿地、文化休憩公园、街心公园、城市花园、广场、林荫路等,至20世纪70年代,全市的绿地系统已颇具规模,约占市

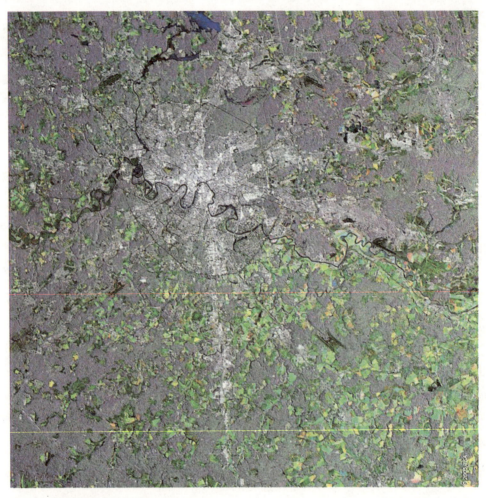

图4-3 莫斯科市域绿地影像图
资料来源:http://earth.esa.int/ers/ers_action。

域面积的40%，人均绿地面积（含森林公园）达45m^2。其中，莫斯科森林公园保护带始建于1935年，主要由森林和森林公园组成（里面也有若干城镇和居民点，甚至包括11个小城市）。据有关统计资料介绍，20世纪80年代，莫斯科森林公园保护带的总面积为1732km^2，该保护带中森林、森林公园、农业用地、水面以及休息、疗养设施等用地占森林公园保护带总面积的77%，达到1334km^2（其中逾800km^{2}为绿地、森林和森林公园，占保护带总面积的46%）（图4-3）。

在空间布局上，莫斯科采用环状、楔状相结合的绿地布局模式形成城市的多中心结构。按照1971年的莫斯科总体规划，整个城市分8片布局发展，每片100万居民，片区之间以绿地系统呈带状或楔状相分隔，并与快速交通干道花园环路联系。规划在城市用地外围建立森林公园带，位置确定为距市中心30～70km处，宽度达到20～40km，平均宽度28km左右，呈"窝头"状。市区内有8条绿带伸向市中心，把市内各公园与市区周围的森林公园带连成一体（图4-4）。

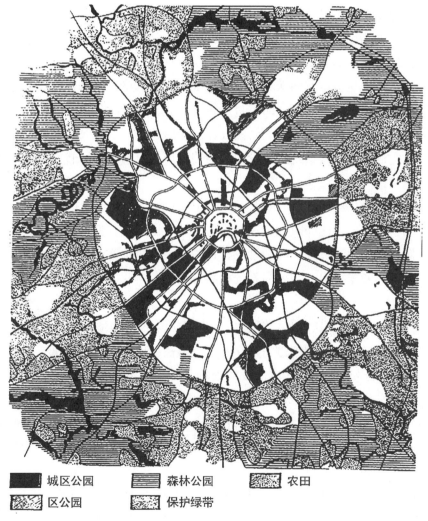

图4-4 莫斯科绿地系统规划图
资料来源：贾建中主编. 城市绿地规划设计. 北京：中国林业出版社，2001。

莫斯科森林公园保护带面积的每一次增加，一般都是与该市城市规模的调整有关。因此，莫斯科城市面积与该森林公园保护带的面积比也在不断变化。1971年，这一比例约为1∶1.96，现在约为1∶1.64（莫斯科市面积现为1051.6km²）。

3．空间管制策略

莫斯科森林公园保护带的规划和管理由市政府负责，具体建设和维护由市园林局负责，并在相关法律法规中明确规定森林公园保护带的规划和边界划定，从而为保护带的建设和维护提供了立法保障。此外还明确规定保护带内不允许有工业项目和对环境有不利影响的建设项目。

四、大波士顿区域公园系统

1．背景

19世纪初，由于欧洲移民的大量涌入，波士顿城市用地快速扩张，以"公众花园"（Public Park）为代表的由私人营建的公众庭园，启动了波士顿早期城市公园的建设和发展。1869年，波士顿的市民运动推动了马萨诸塞州的公园立法，同时各类社会提案从绿地网络化、郊外水源保护、丘陵景观等多方面探索了公园系统的建设思路，为公园建设奠定了较好的制度环境和舆论基础。1875年，波士顿公园委员会正式成立，并于次年制定了波士顿公园系统总体规划，并委托奥姆斯特德进行了具体的公园设计。此后，在1878~1895年的17年间，按照该规划，波士顿基本完成了该公园系统的建设，成为美国历史上第一个比较完整的城市绿地系统，被称作为"翡翠项链"。

19世纪末，由于经济的快速发展，城镇化逐渐向郊区拓展，波士顿市区周围的自然环境受到破坏，公园法的适用范围在这一时期也逐渐覆盖全马萨诸塞州，使得波士顿因此能够打破行政界线，在更大区域范围内进行公园绿地规划。1892年，马萨诸塞州设立区域公园委员会，委托埃利奥特设计并于1893年提出区域公园系统规划方案。

2．规划与实践

埃利奥特运用系统的、生态的规划途径建立由海岸、岛屿、河流三角洲以及森林保护地构成的波士顿大都市圈公园系统。该规划方案在对现状植被、地形、土质的调查基础上，总结了17世纪以来人口的迁入对当地自然环境造成的影响，并结合灾害预防、水系保护、景观及地价等方面的因素分析，规划确定了129处应该保护和建设的开放空间，并归纳为5大类，分别是：海洋滨水带；尽可能多地保留海岸线及岛屿；入海口，除了其商业价值外，它们是从海洋进入城市欣赏城市风光的通道；城郊外的2~3片自然森林；分布在人口密集区的大量尺度不同的广场、儿童游戏场和公园（图4-5）。

大波士顿区域公园系统是在城市扩张过程中建立起来的，其特色在于公园的选址和建设与水系保护相联系，形成了一个以自然水体保护为核心，将河边湿地、综合公园、植物园、公共绿地等多种功能的绿地联系起来的网络系统。其中，后海湾地区河边湿地的整治，不仅恢

第四章 国内外特大城市生态空间规划的实践与模式研究

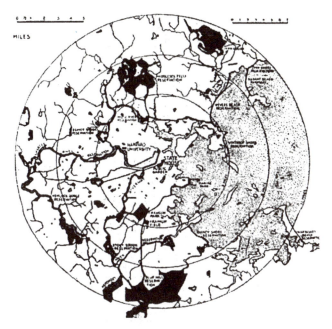

图4-5 大波士顿区域公园绿地系统规划图
资料来源：许浩．国外城市绿地系统规划．北京：中国建筑工业出版社，2003。

复了原来已遭破坏的生态系统，还为城市居民创造了接触自然、修身养性的场所，开创了城市生态公园规划与建设的先河。各类公园绿地的设计充分考虑了基地特性、功能分离的思想和手法，使其成为美国历史上第一个比较完整的城市绿地系统规划（图4-6）。

3. 空间管制策略

在生态空间管制策略方面，除了对大波士顿区域公园系统中各类公园绿地进行建设和保护外，1907年，专门由州议会批准通过了《林荫道法案》，对各类绿地间的绿化通廊进行建设。建成后，大波士顿区域公园系统绿地总面积达到4082hm^2，公园路总长度达到43.8km。

图4-6 大波士顿区域公园绿地分布图
资料来源：Map showing income per capita in the greater Boston　http：//commons.wikimedia.org/

五、大芝加哥都市区区域框架规划

1．背景

大芝加哥都市区，又称为大芝加哥地区，包括伊利诺伊州东北部的6个郡，总面积9598km^2，2004年总人口超过830万人，占全州总人口的65%。该地区拥有丰富的自然资源，随着城市建设的发展，大部分土地已由原来的湿地、草原、农田和林地发展成为城市和郊区用地。1970～1990年间，该地区总人口增长约为4%，而居住用地却增加了约36%，约有400多km^{2}的农田在发展中消失，大约占农田总量的1/3，大芝加哥都市区面临如何将环境保护与经济的快速发展有效结合起来的严峻挑战。越来越多的人意识到他们在促进经济的快速发展的同时也越来越有责任与义务保护该地区的土地与水域，市民支持地方政府的自然资源保护举措，地方政府也认识到那些作为缓冲区、绿色通道和公园的自然土地的价值。

进入21世纪，东北伊利诺伊规划委员会（NIPC：Northeastern Illinois Planning Commission）为寻求建立一个各方都认可的区域性指导框架，来协调地方层面的土地利用和区域层面的发展决策，以应对未来人口和就业的快速增长，制定了"大芝加哥都市区2040区域框架规划"。规划着重强调保护绿色空间的发展、减少污染、保护生物多样性，对城市生态保护和水源供应等具有重要的意义。

2．规划与实践

大芝加哥都市区2040区域框架规划建立在三个基本规划要素的基础上：确定不同层次的中心，使用多种交通模式的走廊连接中心，保护重要的绿地空间。其目标是促进中心的活力；使走廊具有多种模式和能力为交通需求提供支持、保护；加强和扩大绿地及其所包含和代表的重要自然资源（图4-7）。规划特别专注于自然资源的丧失，呼吁保护和保存开放空间、生物多样性栖息地、水资源、农田和绿色廊道。

在对生物多样性及湿地绿地保护中，规划将绿色区域认定为社区活力、生态和经济可持续发展的关键，对健康、生活和享受都有着重要价值，是保持生物多样性以及生物赖以生存的环境。规划定义了农田、水资源、开放空间、绿色廊道等四类绿色地区。农田主要位于都市区边缘，不但

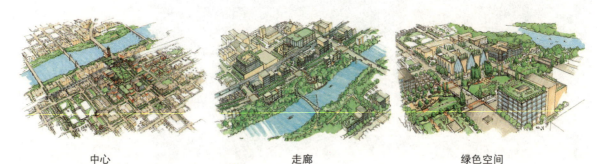

中心　　　　　　　　走廊　　　　　　　　绿色空间

图4-7 大芝加哥都市区2040区域框架规划确定的中心、走廊、绿色空间
资料来源：大芝加哥都市区2040区域框架规划

生产粮食、过滤和储存雨水、回流地下水，同时也是野生动物的栖息地，可以保留乡村生活特质和田园风光。河水质量是保证区域生物多样性的主要因素，由于密歇根湖供水限制，区域内大多数新增人口将依赖地下水或内陆地表水供水，新的开发通常对地下水的质量和储量造成冲击，规划提出要扩大保护水资源的自然缓冲区。开放空间也被称为"绿色基础设施系统"，规划在原有的每千人10英亩地方公园和20英亩区域开放空间的标准基础上，提出了针对不同社区和不同需求、更多样化的新标准，并提出可计算不同社区具体需求的公式。绿色廊道是连续的线型绿色空间走廊，不仅将零碎的绿地连接成网络，而且提供了散步、骑自行车、骑马、跑步、划船等多种游憩活动的场所。河边的绿色廊道可以保护河岸不被侵蚀，提供雨水的自然过渡带，也为动物提供迁徙的路径。规划提出创造更多绿色空间的一种有效途径，将现有绿地连接成为"绿色基础设施系统"（图4-8）。

图4-8　大芝加哥都市区区域绿地系统规划图
资料来源：大芝加哥都市区2040区域框架规划。

3．空间管制策略

大芝加哥都市区未来新的绿地保护不只是依赖传统的保护方式，越来越多的私人机构、基金会、非政府组织将积极参与到绿色空间的保护和开发中。NIPC在区域框架规划中分别从技术要求、规划目标等7个方面提出具体实施策略。

（1）制订综合土地利用计划

建立"绿色基础设施愿景"和区划框架，以及发展协调机制、资助计划、保护开敞空间，绿色基础设施包括开敞空间、绿带、水资源、生物多样性等；合理规划关键基础设施，包括公路设施和商业发展；与环境保护组织与机构进行充分配合。

（2）利用政策和相关法规保护自然资源

在发展中地区依法制定相关的政策、法令和条例以合理有效地保护自然资源，减少经济发展带来的影响；在从设计到施工的规划过程中，充分考虑原有自然环境的天然功能；通过可持续、循序渐进的开发模式发展，有效合理地利用与保护资源；反思和修正规划愿景，允许并鼓励非传统的规划模式。

(3) 保护和恢复开放空间

认真实施关于恢复芝加哥野生生物多样性计划的工作；通过鼓励优秀的开发项目、高效的土地购买方案、促成开发商土地捐献、土地转让等方式，合理保护天然地貌资源；通过打击和控制侵占土地资源的违法行为管理和恢复自然土地。

(4) 保护绿廊

确立沿河道、废弃铁路的线形绿廊，作为生物联系不同生态区间的路径；鼓励私人土地的拥有者保护和恢复他们自己的土地生态环境。

(5) 建设废水处理设施，实现对水资源的可持续循环利用

探寻和实施再利用、湿地治理等废水管理方式，在最大化利用水资源的经济价值的同时对环境造成最小的影响；综合废水管理计划与综合的土地利用相结合。

(6) 设立多目标的分水线保护规划

利用民间机构的力量，并充分协调周边政府的合作，制定发展框架，如设置目标和任务、保护分水线资源和条件、分析分水线问题、制订行动计划和最佳管理方案并组织实施。

(7) 保护珍贵的农业用地

改变公众和政府对农业的认识和偏见；改进集约型土地消费的可持续发展技术；实施基于农业保护的偿还和补偿计划；调整完善当前州和政府的政策法规框架。

六、东京公园绿地

1. 背景

20世纪初，日本东京都在经历了工业化带来的城市快速发展的同时，参照"东京市区改正设计"中的公园规划，制定了东京第一个公园规划标准——《东京公园计划书》，首次将公园按照功能进行分类，并制定了人均公园的面积标准。在关东大地震之后，公园绿地的防灾避难功能受到重视，公园作为城市开敞空间的复合功能得到开发。第二次世界大战后，随着产业、人口向东京等大城市进一步聚集，城市问题日益严重，1956年第一部《都市公园法》诞生，明确规定了公园的管理主体和配置标准。在1957年对东京公园绿地规划进行了一次大的修编后基本未有大的改动。

2. 规划与实践

1968年，东京及周边1都7县统一制定了第二次东京大都市圈规划，将规划区域由内向外划分为建成区、近郊整备地带、周边地域。其中，近郊整备地带除进行有计划、有步骤的城市建设外，也十分重视对绿地的保护。规划确定了5处大公园，共2676hm^2；356处小公园，共237hm^2；14处绿地，共3175hm^2。

日本现行的城市绿地规划体系由"绿地总体规划"和"绿地基本计划"两种目标和内容

的规划组成。绿地总体规划由各都道府、县政府主持编制，以城市绿地和其他开放空间的综合性建设及保护为主要目标，是城市规划体系中的基本规划之一。其主要建设目标是：绿地面积（包括在城镇化区域周围规划的、与城市内部绿地具有较强联系的绿地）应占城镇化区域面积的30%以上。而绿地基本计划是以都市公园体系为核心的布局规划，其中都市公园的建设目标是原则上人均绿地面积20m²以上，居住区的人均住区基干公园（即居住区级公园）面积4m²以上，人均都市基干公园（即综合公园）面积2.5m²以上，同时根据规划确定绿道、缓冲绿地等建设目标。

在绿地配置形态上，分别从环境保护、休闲、防灾、城市景观构成等四个方面进行分析，基于分析评价结果将各类绿地连成紧密的有机整体。其中，环境保护系统通过小规模的、有特色的绿地景观与大自然相协调，共同支撑城市的发展；休闲系统重在满足多样化的休闲需求以适应日常和周末休闲活动；防灾系统则注重防止灾害或者确保避难路、避难所，缓和城市公害；在景观构成方面，考虑绿地与城市建设形成良好的景观体系。

3．空间管制策略

1966年，为从法律上进一步明确绿地保护范围的划定标准和管理、资金等措施，东京公布了《首都圈近郊绿地保全法》。该法律界定了近郊绿地保护区，并在保护区内指定了特别需要保护的地区——"近郊绿地特别保全地区"，规划面积达757.6hm²，分布在9处。

1994年《都市绿地保全法》修正时规定了绿地基本规划的制度，是绿地保护制度的重要部分。除此之外，还有一些地域制绿地作为补充，地域制绿地主要是指制定法律法规对某一地区范围内的特定行为进行控制或者限制，来达到绿地保护的目的。

1996年，在新一轮东京都总体规划中，提出城市绿地建设的长期发展目标为：推行最适宜的城市绿化与滨水环境交叉覆盖的生态网络，兼顾城市功能与居民生活环境；创建更具有吸引力的公共公园，城市绿化翻一番（图4-9）。

图4-9　东京都绿地系统规划图
资料来源：东京都总体规划，1996。

第二节　国内特大城市生态空间规划与建设

近年来，随着经济的快速发展，中国城镇化进程加速推进，同时也带来了一系列的生态环境问题，为此，北京、上海、广州等各大城市分别结合自身城市特点在生态空间规划与建设方面进行了有益的实践和探索。

一、北京绿地系统与限建区规划

1．背景

北京关于生态绿地的规划建设始于20世纪50年代。1958年《北京市总体规划说明（草稿）》提出了实现"大地园林化"的要求，以"分散集团式布局"的原则，把城市分隔成二十几个相对独立的建设区，形成由城市中心地区、边缘建设区以及它们之间的绿色空间地带有机组成的布局形式。由于城镇化的快速发展，北京市的人口环境容量已逐渐趋于饱和状态，北京市及周边地区出现生态退化问题。为适应城市发展的需要，北京市2000年进行了包括北京周边广大郊区农田在内的绿化隔离带规划，以期缓解城市绿色空间的日益不足并防止城市的无限扩张。2002年，北京市提出采取区域生态恢复和城市生态建设并重的策略，以期实现人与自然的和谐发展。2004年，北京市在新一轮总规中提出了《市域绿地系统规划》，确定了"市域－中心城－新城"的三级绿地系统。2006年，又进一步结合生态基础条件和城市发展需要，编制完成了《北京市限建区规划（2006—2020年）》。

2．规划与实践

北京市域绿地系统规划着重从宏观全局的角度，在充分利用自然山水构架的基础上，通过对不同空间层次（包括市域、中心城、新城）、不同类型绿地（包括城市绿地、农田、林地、水系、风景名胜区、自然保护区、湿地、风沙治理区、森林公园、绿色隔离地区、水源保护地、各类防护林带等）进行定性、定量、定位，达到建立合理的城市绿色空间的目的。

从空间层次上看，市域绿地系统规划重点构筑复合型市域绿地系统结构；中心城绿地系统规划重点解决与中心城控制性详细规划相衔接的问题，指导下一步"绿线"划定和绿地系统规划实施细则的制定；新城绿地系统规划重点对新城内部绿地系统进行布局安排，指导具体建设。

规划确定，市域绿地系统由中心城、平原地区、山区三个层次的绿地系统构成。其基本结构为：山脉平原相拥、三道生态屏障、平原林网交错、城市绿楔穿插，西北挡、东南敞、廊道与圈层相结合，点、线、面、环相结合，实现绿地空间布局上的均衡、合理配置。

市域绿地空间结构以山区普遍绿化为基础，以风景名胜区、自然保护区和森林公园绿化为重点，以"五河十路"绿化带和楔形绿地为骨架，以河流、道路和农田林网为脉络；完善第一道和第二道绿化隔离地区，加强中心城、新城和小城镇等各级绿地系统的有机联系。充分发挥农田、林地、荒地、公园、城市绿地、自然保护区、风景名胜区、森林公园等绿色空间在生

第四章 国内外特大城市生态空间规划的实践与模式研究

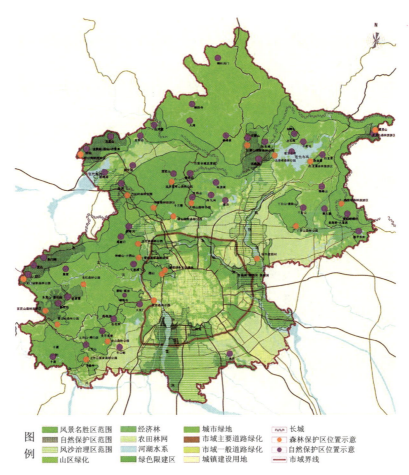

图4-10 北京市域绿地系统规划图
资料来源：首都园林绿化政务网，http://www.bjyl.gov.cn/

态、环境、景观、文化、游憩、减灾等方面的综合作用（图4-10）。

规划到2020年，北京森林覆盖率达到38%，城市绿地率达到44%~48%，绿化覆盖率达到46%~50%；人均绿地40~45m^2，人均公共绿地15~18m^2。

3．空间管制策略

《北京市限建区规划（2006-2020年）》对指导北京各类生态空间的规划管理起到重要作用。该规划将北京市域空间划分为三大类：禁建区、限建区和适建区。禁建区指绝对禁止城乡规模化建设的区域，分为绝对禁建区和相对禁建区两类，绝对禁建区是严格禁止一切城乡建设活动的区域，包括地裂缝、分洪口门、自然保护区核心区等；相对禁建区是严格禁止与限建要素无关的建设活动的区域。限建区是指存在较为严格的生态制约条件，在满足控制要求的前提下可以开展规模化城乡建设的区域，分为严格限建区和一般限建区两类。严格限建区是指存在严格的生态制约条件，对城市建设用地规模、用地类型、建设强度以及有关城市活动、行为等方面限制较多的区域。一般限建区是指存在较为严格的生态制约条件，对城市建设用地规模、用地类型、建设强度以及有关城市活动、行为等方面有限制要求的区域，可以通过技术经济改

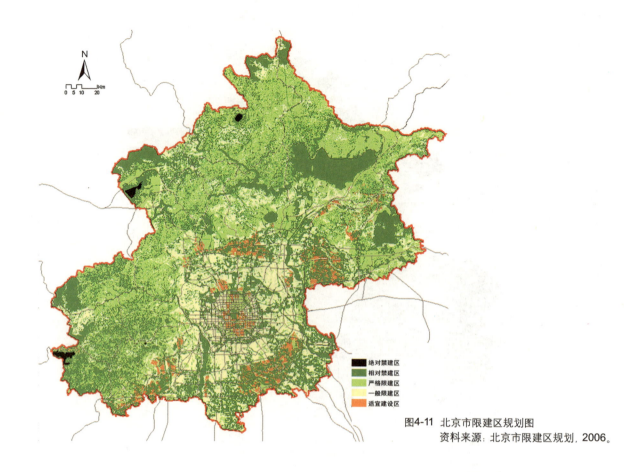

图4-11 北京市限建区规划图
资料来源：北京市限建区规划，2006。

造等手段减缓限制要求与建设之间的冲突。适建区指生态制约较小，可以适度开展规模化城乡建设的区域。

根据该规划，在北京市域16409km²的用地范围内，禁建区为7185km²，约占市域总面积的44%，其中，绝对禁建区55km²，相对禁建区7130km²；限建区8697km²，约占市域总面积的53%，其中，严格限建区4819km²，一般限建区3878km²；适建区527km²（图4-11）。

二、上海绿地系统规划

1. 背景

上海市自新中国成立以来经历了1949~1978年的缓慢发展、1986~1998年的稳定增长、1998年以来的快速发展三个发展阶段。在其快速发展阶段城市绿地系统建设取得了较大成就，对提升上海的生态环境质量、缓解城市中心热岛效应、改善居民生活环境等方面起到重要作用，但仍存在绿地总量不足、发展不均衡，尚未形成结构完善、布局合理的网络体系等问题。为此，2002年，上海市政府提出了创建"生态城市，绿色上海"的目标，以城市森林为主建设城市生态系统，并相应开展城市绿地系统规划。

2．规划与实践

根据绿化生态效应最优以及与城市主导风向频率的关系，上海市结合农业产业结构调整，规划提出集中城镇化地区以各级公共绿地为核心，郊区以大型生态林地为主体，以沿"江、河、湖、海、路、岛、城"地区的绿化为网络和连接，形成"主体"通过"网络"与"核心"相互作用的"市域绿化大循环"。

规划至2020年，上海市域将形成"环、楔、廊、园、林"的总体绿地系统布局结构。其中，"环"是指市域范围内呈环状布置的城市功能性绿带，包括中心城环城绿化和郊区环线绿带，控制用地约242km²；"楔"是指中心城外围向市中心楔形布置的绿地，共分为8块，控制用地约为69km²；"廊"为沿城市道路、河道、高压线、铁路线、轨道线以及重要市政管线等纵横布置的防护绿廊，控制用地约320km²；"园"是指以公园绿地为主的集中绿地，包括中心城公

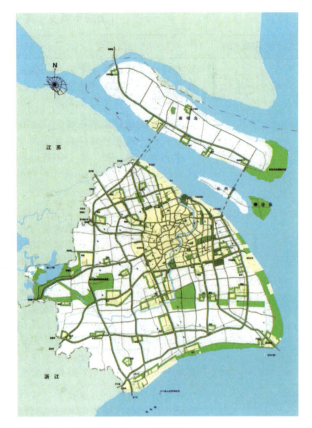

图4-12　上海市城市绿地系统规划图
资料来源：上海绿化系统规划（2002—2020年）

园绿地、近郊公园和郊区城镇公园绿地三类，控制用地约221km²；"林"是指非城市化地区对生态环境、城市景观、生物多样性保护有直接影响的大片森林绿地，具有城市"绿肺"功能，控制用地约671km²。

结合郊区农业产业结构调整，规划提出退耕还林建造浦江、佘山等5大片林。5大片林分别位于市中心东西南北中5个方向，对市中心形成一个"森林包围圈"。

结合自然保护区和风景名胜保护，规划将大小金山岛、崇明岛东滩候鸟保护区、长江口九段沙湿地等自然保护区、湿地保护区、水源涵养林囊括其中，让自然保护区进一步发挥其特定的生态效应（图4-12）。

3．空间管制策略

上海市在区域绿化结构分析的基础上，结合上海市总体规划提出的市域绿地布局模式要求，通过《上海绿化系统规划（2002~2020年）》对城乡一体化绿化系统提出相应的规划实施对策表（4-3）。

此外，在国家自然科学基金的支持下，上海市结合最新的生态学理论和方法，根据野生动物分布的实际情况，进行了生态廊道规模的研究，提出了针对不同的野生保护动物的最小生

上海市城乡一体化绿化系统规划对策　　　　　　　表4-3

发展战略	战略措施
城乡一体化	城市绿地系统应该注重城郊一体化和长三角地区联动发展； 城郊森林应向建成区延伸； 加强城市内外绿化的分工协作：功能互补、结构相连、各具特色
结构优化	在绿地系统规划布局结构上，应该与城市布局体系及产业布局相协调； 加强片林、风景旅游区和自然保护区之间的联系； "环、楔、廊、园、林"不是一个分类标准，绿化结构需要重新梳理； 改变绿地系统结构由交通系统结构决定的习惯做法，应该由自然因素如河流山体和人工因素如道路双重决定； 绿廊未必一定沿交通线布置
功能优化	区别内外环线之间的绿化建设与外环以外的绿化建设在功能上及形态上的差异； 城市绿地系统与城市公共空间建设协同发展； 城市绿地系统与城市历史文化保护联动建设； 绿地系统与文化设施一体化发展； 绿地系统与全民健身运动呼应，建设健康城市； 绿地系统与人口疏解，消除城乡差别一致； 绿地系统与应急避难和蓄滞洪水相结合； 由保证数量转向追求绿化质量，通过结构和功能的提升来实现； 绿地与城市其他公共设施同步建设； 要进行功能分区，布置适应各功能区的绿化
形态优化	结合乡村景观保护，建设贯通城郊的绿道； 绿地系统规划与改善城市形象相结合； 加强绿化规划在形态上的控制性； 加强对植被建设的引导控制，加强对树种选择、群落构建的规划
生态化	加强中心城绿化建设，可以将其与开放空间建设结合进行； 从绿化建设向生态建设转变，注重绿量； 针对绿地系统建设进行环境分区； 加强社区层面的绿化规划； 强化生态敏感区的绿化； 充分利用自然河流、湿地
特色化	绿地系统结构与布局缺乏分区针对性，可以考虑开展绿地系统分区规划； 发挥区级景观道路的作用； 针对特大型城市，探索绿地系统规划的分级编制、实施、管理体系； 加强绿地与水系的联系
绿化要素体系化	重新对城市绿化要素进行分类； 将河流、湿地、农田等纳入规划范围； 将屋顶绿化、垂直绿化纳入规划范围

资料来源：上海绿化系统规划（2002~2020年）。

态廊道宽度。与此同时，还对生态廊道体系中的沿河流生态廊道和沿道路生态廊道宽度分别进行了规划和量化指标控制。在此基础上，对城市非建设用地的布局形成指导，并在随后的城市绿地系统规划中落实了其生态构想。

三、深圳基本生态控制线规划

1. 背景

随着社会、经济的快速发展，深圳城市建设用地持续快速扩张，城市自然生态空间总量逐年减少，城市生态资源保护面临巨大压力。为此，深圳在对城市总体规划进行反思的时候提出了《非城市建设用地规划》，在此基础上划定了全国首个城市"基本生态控制线"，并制定了相应的控制和管理规定（图4-13）。

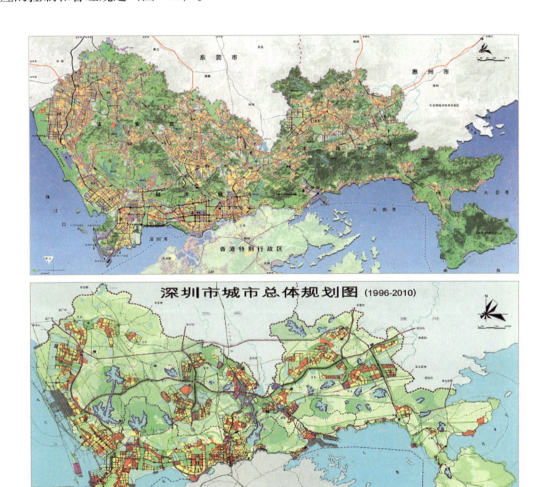

图4-13 深圳市2005年建设用地现状与规划的差异比较图
资料来源：深圳城市总体规划（1996—2010年）

2. 规划与实践

基本生态控制线是为了保障城市基本生态安全，维护生态系统的科学性、完整性和连续性，防止城市建设无序蔓延，在尊重城市自然生态系统和合理环境承载力的前提下，根据有关法律、法规，结合本市实际情况划定的生态保护范围界线。深圳市在基本生态控制线建设标准方面，参考了联合国有关组织提出的生态城市绿地覆盖率应达到50%、居民人均绿地面积90m^{2}的指标，并根据深圳市人地矛盾突出的特殊情况，确定了全市城市绿地率应不小于45%、城市绿化覆盖率应大于50%的指标，并按照碳氧平衡原理测算得出了深圳城市发展所需城市建设用地和生态用地最适合的比例为4:6的结果。

根据划定的基本生态控制线，深圳全市1952.8km^{2}的陆地面积中，有974.5km^{2}土地被列入其中，约占全市陆地总面积的50%，按照要求，除了重大道路交通设施、市政公用设施、旅游设施和公园绿地外，禁止在基本生态控制线范围内进行建设。

根据划定，一级水源保护区、风景名胜区、自然保护区、集中成片的基本农田保护区、森林及郊野公园；坡度大于25%的山地以及特区内海拔超过50m、特区外海拔超过80m的高地；主干河流、水库及湿地；维护生态完整性的生态廊道和绿地；岛屿和具有生态保护价值的海滨陆域等均被列在基本生态控制线之内（图4-14）。

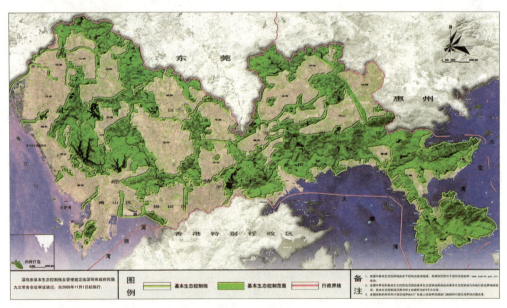

图4-14 深圳市基本生态控制线规划图
资料来源：深圳市基本生态控制线管理规定

3. 空间管制策略

深圳市以政府令的形式出台《深圳市基本生态控制线管理规定》，使得基本生态控制线范围的划定具有法律效力，规定任何擅自改变基本生态控制线范围和在控制线范围内进行违法开发建设的行为，都应由相关部门作出处罚，甚至追究其法律责任。

只有因国家、省、市重大项目建设，确需对基本生态控制线进行局部调整的才可以调整，而可以在基本生态控制线范围内进行的建设项目，应作为环境影响重大项目依法进行可行性研究、环境影响评价及规划选址论证，在规划选址批准前应在新闻媒体和政府网站公示。在《管理规定》实施的过程中，也碰到了许多矛盾和问题。2007年4月深圳市人民政府提出《关于执行〈深圳市基本生态控制线管理规定〉的实施意见》，明确了市政府对生态线内原有合法生产经营性建筑的政策，解决管理工作中存在的实际问题。控制线内已建成的合法住宅和对生态环境没有不利影响的生产经营性建筑，可以予以保留；已建成对生态环境有不利影响的合法生产经营性建筑，应进行改造或产业转型；不符合环保等法律法规要求且无法整改的合法生产经营性建筑，则应关闭，收回土地使用权并给予补偿。

同时，深圳市规划主管部门利用卫星遥感技术，对全市基本生态控制线内900余km^2土地的建设情况每季度进行动态监测。政府还计划将基本生态控制线的"图纸空间"在"实地范围"上进行落实，已经启动《基本生态控制线保护标志的设置研究》，下一步还在继续推进生态线的立法进程，尽快颁布实施《深圳市基本生态控制线管理条例》，通过人大立法将管理规定上升为地方性法规。

四、广州生态城市规划

1. 背景

广州北依白云山，南临珠江，"云山珠水"为城市创造了富有岭南特色的生态环境。近些年来，快速的经济增长与快速城镇化逐渐影响着广州城市与自然之间的平衡，威胁着发展的可持续性。在此背景下，广州市政府提出"生态优先"的发展战略，开展了一系列有关生态城市建设的规划实践。其中，编制于2003年的《广州市城市生态可持续发展规划》从市域层面较为系统、完整地以专项生态发展规划的形式对寻求一种既能应对发展挑战又能解决环境问题的城市发展模式做出了探索，以期在发展中维护生态的良性循环。

同时，由于整个珠江三角洲区域城镇的无序蔓延极大地影响了区域绿地的布局和维护，为从区域生态环境系统的整体高度达成城市发展与区域生态的协调，确保对具有保护价值的区域绿地作出及时、合理的规划，形成区域城乡生态的良性循环，2003年，广东省先后出台了《区域绿地规划指引》和《环城绿带规划指引》，对区域内不可建设用地从规划政策层面施以严格的"绿线管制"，并将通过立法，促使区域绿地和环城绿带规划成为城镇体系规划和城市总体规划的必备内容。

2. 规划与实践

《广州市城市生态可持续发展规划》遵循"健康、安全、活力、发展"的基本理念，突出广州"山、城、田、海"的自然基质特征，提出城市生态发展的战略目标是建立城市空间结构优化、城乡及产业布局科学、人居环境优美的生态格局，将广州建设成为适宜创业发展、居住生活的山水型生态城市。

规划首先从生态足迹估算、生态系统承载力评价和城市生态系统健康分析出发，辨析城市发展的制约因子和有利条件，提出城市的生态可持续发展适宜目标。通过城市发展与资源环境供需互动研究，确定城市发展规模和发展方向。通过生态规划信息集成，实现可视化管理和生态规划方案滚动更新。

规划基于景观生态安全格局理论，识别广州市的潜在景观生态安全格局，确定"源"主要分布在从化北部、花都北部、增城西北部、白云区东部、番禺区北部及南沙；重要的"缓冲区"包括森林覆盖区周边的果园和农田地带，即城乡交错区；由"源"通过山脊线向外围辐射的带状部分组成"辐射道"；"源间连接"促成生态走廊的形成，是生态流的高效通道和联系途径；万亩果园及化龙镇的植被对打通南北源之间的联系起"跳板"作用（图4-15）。

规划根据潜在景观生态安全格局及城市空间发展战略，确定广州城市生态空间格局为：构建北部"三道绿色走廊"，打通纵贯南北的"生态大通道"，建立各组团间的多组"生态隔离带"，重点保护"城市绿心"（万亩果园）和南部"水网"地带植被。三道绿色走廊贯穿重要的源，对源的保护和景观结构的稳定具有重要的意义。绿色走廊和生态通道也可以作为物种迁移的通道。南部的生态通道和珠江河面可将来自海洋的新鲜空气引入市区（图4-16）。

规划从市域层面进行生态分区，实现不同空间尺度的生态单元调控管理，将市域生态系

图4-15 广州市潜在景观生态安全格局识别
资料来源：杨志峰等. 城市生态可持续发展规划.
北京：科学出版社，2005。

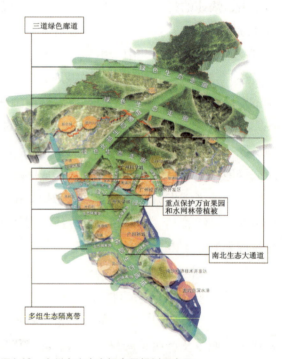

图4-16 广州市生态空间布局规划示意图
资料来源：杨志峰等. 城市生态可持续发展规划.
北京：科学出版社，2005。

统划分为生态管护区、生态控制区和生态重建区等三个生态区，各区面积分别占市域总面积（7434km²）的45%、35%和20%（图4-17）。在此基础上，规划进一步划分23个生态亚区和66个生态调控单元，对全市作出安全而稳定的生态结构安排。

从区域层面，广东省《区域绿地规划指引》率先提出"区域绿地"的概念，以"绿线"的形式界定其范围和边界。区域绿地的体系构成为生态保护区、海岸绿地、河川绿地、风景绿地、缓冲绿地、特殊绿地等6大类、24小类用地。到2020年，广东省划定控制并全面开展维护建设工作的区域绿地面积将达到6万km²，占全省国土面积的30%左右。《指引》规定，常住人口50万人以上的城镇和连片发展面积超过100km²的城镇密集区应设立环城绿带，并确定为区域绿地。

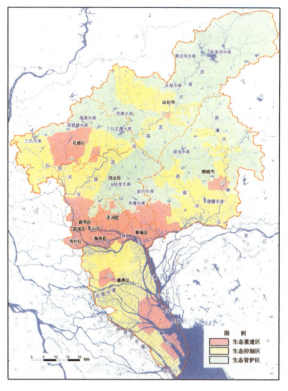

图4-17 广州市生态分区示意图
资料来源：杨志峰等．城市生态可持续发展规划．北京：科学出版社，2005。

按照规划，珠三角城市区域绿地系统呈现"网络状"雏形：以伶仃洋为主轴，形成中部、珠江口东岸及西岸三大都市区之间的分隔绿地；以独立山区、河道、堤岸、基本农田保护区、风景区等为基底，形成大、中城市之间及城镇密集带内的环城绿带。该地区内区域绿地分三级管制。粤东、粤西沿海地区利用自然保护区、海岸防护林、红树林湿地和风景旅游区等建立沿海一线（滨海、海岛）的门户绿地系统，将主干交通线两侧防护林划入区域绿地，限制城镇沿交通线带状延伸。北部山区则利用山脉，以建设山源林、水土保持为主。根据珠江三角洲地区、粤东、粤西沿海地区和北部山区等区域分区的不同自然条件和建设状况，确定全省四大区域绿地布局和规划建设规模。

《指引》通过对区域生态安全控制线的制定，把城市绿地规划的手法延伸到区域，将绿色空间的营造从城区转向城乡全部地区，强调了对区域不可建设用地的优先关注，对促使城市与区域协调发展，推动全省城镇化的整体质量和水平具有深远的影响。

3．空间管制策略

《广州市城市生态可持续发展规划》根据三类生态区的结构和功能特征，制定相应的生态控制政策。

生态管护区包括具有重要生态服务功能价值和生态脆弱性较强的生态系统，以及对城市人居环境具有重要意义，需要加以重点管理和维护的区域。该区内划定的重点保护区禁止有损生态系统的一切开发活动，已经破坏的应限期恢复，对区内已有工矿企业和集中居民点应逐步搬迁，并对破坏的生态系统进行修复；该区有计划地建立水源保护区、生态保护区、自然公园。该区内一般保护区以生态保护为主，可适当发展经济，但必须限制发展规模，禁止污染型工业的发展。

生态控制区是以半自然和人工生态系统为主的地区，城市开发活动不很明显，人口密度适中，生态条件良好。该区域严格控制城市建设用地的开发，严格控制人口发展规模，积极引导和调整产业结构，发展生态型产业，杜绝污染严重、能耗大的企业进入。

生态重建区主要以现有建成区和未来发展区为主，该区加强城市景观建设，强调城市人工生态与自然生态的协调发展。

同时，规划提出城市生态系统管育措施为：从宏观层面，建立生态安全保障机构，进行城市土地开发强度控制，按环境功能区进行目标管理，实行污染物总量控制，采用生态环境建设的经济激励措施等。建立生态安全监测预警系统，在生态敏感地区建立固定观测点，长期跟踪生态质量变动状况。从微观角度，基于生态调控单元的调控与管理，分析资源优势、生态问题和生态隐患，从资源利用、环境质量控制、污染治理、人口控制、开发强度控制、生态建设、产业控制等方面，制定生态控制导则，使规划成果具有可操作性并落到实处。从时间尺度，基于不同规划年情景目标，制订了生态环境建设、污染控制以及市政建设和社会生活等城市生态建设措施。

《区域绿地规划指引》则提出了一系列的区域绿地管制、维护、经营、恢复和重建的策略和措施。主要思路一是齐抓共管，实现空间政策对专业部门的统筹。《指引》规定，区域绿地规划的实施由县级以上人民政府协调规划、建设、土地、海洋、环保、农业、林业、渔业、水利、旅游、文物保护等行政主管部门统一进行。二是"绿线管制"，以法定程序保证规划政策的贯彻。要求实施严格的"绿线"管理，确保生态保护有"线"可依，有"线"必依。区域绿地范围内的土地利用和各项建设，必须符合区域绿地规划，严格实施空间管制，任何单位和个人不得在区域绿地内进行对绿地功能构成破坏的活动。区域绿地规划一旦批准，不得随意更改。

在实施管理上，《指引》把区域绿地规划的落实作为规划审批和实施监督的主要依据，真正将规划编制和实施的重点从确定开发建设项目转移到对资源保护利用和空间管制上。规划管理思路上，从关注"何处可建"转向了关注"何处不可建"，在发挥规划指引作用的同时，更好地发挥其控制作用，最大限度地保护整体利益和公共利益。

区域绿地规划纳入区域城镇体系规划，实行分级审批。《指引》规定，区域内一切建设项目必须依照规划法规定的程序进行审批，涉及多个部门的具体建设项目的审批，由县级以上规划行政主管部门牵头协调，报同级人民政府审批；涉及国家、省级管辖的区域绿地内的建设项目，例如大型水利设施建设、风景名胜区的设施建设、历史保护区的保护整治等，应按照相关法律法规逐级上报审批。

五、杭州生态带规划

1. 背景

杭州自然条件得天独厚，素以湖光山色、风景秀丽著称于世。城西西湖风景名胜区举世闻名；城南钱塘江依城而过；城北和东北面为沃野千里的杭嘉湖平原，并有京杭运河等十余条古河道和无数池塘纵横城间，形成"依江带湖"，"三面云山一面城"的特有城市风貌。为解决城市发展空间不足、避免摊大饼式城市发展模式带来的弊病，杭州市新一轮城市总体规划强化了生态优先的理念，提出"一主三副六组团"的城市空间结构，构建网络状城市空间形态的重要纽带——六条生态带。在2007年编制的《杭州生态带概念规划》中，结合杭州市具体情况确定生态带的结构和功能，并有针对性地确定生态带的规划建设和管理方案。

2. 规划与实践

杭州市城市总体规划基于"西、北、南三面环山，东面临海，中部为平原水网地带"这一自然地理特征，结合杭州的自然生态环境，以普遍绿化为基础，风景区、湿地保护区和水源保护区为重点，森林公园为补充，生态绿廊为纽带，各城市组团与村镇绿地系统为子系统，建立"山、湖、城、江、田、海、河"的都市区生态基础网架。通过"四园、多区、多廊"的保护和建设，构成"两圈、两轴、六条生态带"的生态结构体系，实现将森林引入城市，城市建于森林中的目标。

其中，"六条生态带"分别是：径山风景区至闲林、西溪湿地、灵山至西湖风景名胜区、石牛山风景区至湘湖风景区、青化山风景区至新街大型苗木园、钱塘江滨海湿地至生态农业园区、超山风景区至黄鹤山风景区。由风景区、湿地、水源保护区、森林公园及生态农业园区构成的六条生态带，是有效防止城市蔓延的手段，并为杭州城市的发展框架提供生态保障。

杭州生态带概念规划中将生态带用地范围界定为除杭州市区建成区和组团之外的以非建设用地为主的地区，包括农田、林地、园地及苗圃、水体、裸地、城市对外交通干道等沿线绿化带、低密度城镇、高新技术园区及工业区防护绿地、历史文物保护区及自然保护区等9类。规划在对六条生态带进行综合评价的基础上，结合杭州城市总体规划远景布局方案，确定生态带的布局框架、结构类型，在此基础上进一步明确生态带的规模、用地布局范围、边界控制，同时对各生态带提出相应的发展控引导则和建设综合保障机制（图4-18）。

3. 空间管制策略

杭州市生态带概念规划在生态带保护和控制指标体系、空间结构及功能规划等方面进行了专题研究，针对生态带的自然特点提出了生态带建设目标指标集。其主要特色在于通过细化到控规层面的生态建设指引，对生态区内的人工建设活动进行控制（图4-19）。

在控制指标研究中，杭州生态带概念规划提出了禁建区、限建区和适建区控制指标。该控制指标体系主要分为基本指标、整体规定性控制指标、建设用地控制指标、非建设用地控制指标、指导性指标以及生态建设导引等大类指标。其中，基本指标包括地块编码、用地性质、现状建设

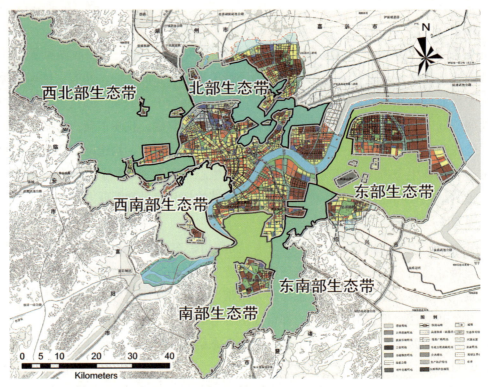

图4-18 杭州市生态带概念规划图
资料来源：复旦大学．杭州市生态带概念规划，2008。

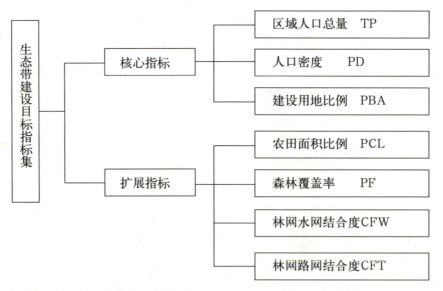

图4-19 杭州生态带建设指标集结构图
资料来源：复旦大学．杭州市生态带概念规划，2008。

用地比例、现状生态用地比例；整体规定性控制指标包括用地面积、人口容量、人口密度、建设用地比例、生态用地比例、垃圾无害化处理率以及生活污水集中处理率；建设用地控制指标包括用地面积、容积率、建筑密度、建筑限高；非建设用地控制指标包括山体、水体、农田、林地、园地以及生态保育廊道的面积和尺度控制要求；指导性指标包括用地相容性、土地利用可变度、奖励强度等；生态建设导引主要包括生态功能定位、主要保护对象、生态保护要点、生态优化与多样性、土地使用控制以及产业发展方向等指标。各区通过指标的分级设定，满足禁建区、限建区和适建区的控制要求。

为落实生态带概念规划，杭州市又针对六条生态带分别编制控制规划，对各类用地及控制指标作出进一步明确和细化。

六、成都非建设用地规划

1. 背景

成都地处平原，气候温润，自古即为"天府之国"，生态环境条件较好。但随着现代工业的发展，成都的环境问题也逐步显现。20世纪90年代，成都市从府南河治理开始，逐渐建设了活水公园等一系列具有较好反响的绿化环境建设项目，推动了中心城生态空间体系的建设。进入21世纪，成都市开始展开全市整体层面的生态结构梳理，形成了《成都市非建设用地规划》、《成都外环路生态带规划》等重要规划成果，为促进城市的健康可持续发展奠定了基础。

2. 规划与实践

成都市非建设用地规划是国内首个"非建设用地规划"。规划强化河流水体两岸、山体及高速公路两边的绿带控制，加强与各生态斑块的有机联系，为生物的自然迁徙创造条件，规划形成"斑块—廊道"型网络化生态体系。规划通过加强各山体、水体及建成区周边生态敏感区的协调，营建绿环与生态斑块，以水廊、风廊、路廊等廊道联系，形成"一源两点，水网交织、七星拱月"的良好生态山水空间格局。"一源两点"是山体水体交界处的敏感性生态斑块，"一源"为金马河—青白江生态斑块；"两点"为青白江—沱江生态斑块、岷江—蒲江生态斑块，"水网交织"指市区内多条水廊交织贯穿；"七星拱月"则是指外围七个卫星城镇环抱于中心城区之外。

成都市非建设用地分为中心城区非建设用地和市区外围非建设用地两个体系，它们之间以外环高速隔离带为联系和分隔，通过生态廊道、生态斑块、风景区绿地、生产绿地以及防护绿地等不同性质的用地构成市区非建设用地的综合系统。市区外围非建设用地系统主要由十八条生态廊道和十二个生态斑块以及农业用地构成。中心城区非建设用地以空间领域相对完整、生态服务功能较强的自然或半自然生态功能单元为基础，以自然水系、基本农田和城市通风廊道为依托，按照"斑块—廊道"的基本模式构建"两环八斑十四廊"的开放性网络型生态空间格局（图4-20）。

图4-20 成都市非建设用地规划图
资料来源：成都市非建设用地规划
http://www.cqupb.gov.cn/

图4-21 成都外环线生态带用地规划图
资料来源：成都市非建设用地规划
http://www.cqupb.gov.cn/

成都还对中心城区非建设用地中的两环之———外环路生态带进行了规划，形成"两片、十区、七楔、四圈"的格局。其中，十区为观光特色区，即熊猫观光旅游休闲区、东郊生态开敞区、青龙湖历史文化及体育休闲区、都市观光农业与乡村旅游休闲区、时尚运动与现代商务体验区、江安河生态保护区、清水河生态保护区、苗圃发展及川西林盘保护区、上府河自然生态保护区、北部新城景观配套区等。同时规划形成上府河、清水河、江安河、北郊、十陵等七个楔型绿地。

规划沿外环路控制50~80m的森林生态带，并以府河、江安河、摸底河等河为骨干与众多中小河流水渠编织成网，形成森林公园、郊野公园、林盘、湿地四个水系生态圈。河道、绕城高速公路的桥状架空段，也将实施生态恢复，增设大型公园、绿地，建立生态通道，形成外环路块状绿地之间的横向联系，增强生态带的整体性（图4-21）。

3. 空间管制策略

成都市非建设用地规划中提出分级控制和分类保护的管制策略。分级控制是指按照各类用地在整个城市非建设用地系统结构中的生态重要性对其进行分级管控。一级控制区指对维护城市生态系统良性运转和形成非建设用地结构具有重要意义的地区，该区以保护与优化为主，尽量保持环境的原真性，严格控制开发建设的模式和强度；二级控制区指对城市生态系统良性运转效率提高和形成非建设用地整体结构具有特殊意义的地区，该区以控制与恢复为主，强调对原生生态环境进行有目的地修复，建设活动必须满足相关的要求，如限定建设性质、控制开发强度、划定具体建设的区域和面积；三级控制区指对非建设用地的整体生态服务的完善，增强城市生态环境的内在活力具有重要意义的地区，该区以引导和限制为主，需对开发建设的强度、方式、空间格局和区域发展模式精心调控，制定相应的政策进行引导。分类保护则是按照非建设用地现状生态环境状况对城市非建设用地进行分类保护。一类保护区指现状生态环境状况很好，具有很强的生态服务功能，目前处于未开发状态的区域，该区采取严格保护措施；二类保护区指现状生态环境状况良好，有一定的生态服务功能，但已有一定的利用的区域，该区应严格控制建设强度，并在实施中对生态环境进行修复；三类保护区指现状生态环境状况较好，但已有相当的开发利用的区域，该区应严格控制建设强度的进一步加大，并在建设中逐步实施土地置换，恢复其生态功能。

为应对生态保护与经济发展之间的矛盾，成都市又组织编制了"198地区"规划，指导生态用地的实施建设。规划以绕城高速公路两侧以及绕城高速以内的生态绿楔共计198km²的区域为研究对象，根据这些用地的实际发展状况和未来发展区域将其进一步细分为三大类：第一类是规划生态绿地，以郊野公园的形式建设为真正纯粹的生态保护空间，用地面积为90km²；第二类是规划开发建设用地，以岛状形态分布在生态用地中，是城镇建设和农民拆迁安置的用地空间，面积为70km²；第三类是道路、铁路、市政走廊等其他用地，面积为38km²。"198地区"规划思路较为务实，并积极对待保护与发展问题，实施阻力较小，在实施中取得了较为明显的成效。

第三节　国内外特大城市生态空间体系的模式总结

城市生态空间因自然地理、水文条件以及城市绿地系统在数量、结构、布局上的不同而形成形态各异的空间结构模式。生态空间的结构模式与城市的总体格局密切相关，如核心城市通常采取绿带环绕的方式，带形城市则多以绿带廊道形式布局。从形式上看，每个城市的绿地系统布局都各具特色，但布局的主要目标均是一致的，即：使各类城市生态绿化空间形成结构合理、紧密联系的有机绿化网络，促进城市的可持续发展。

从城市空间形态上，国内外特大城市生态空间体系大致可归纳为"绿环、绿心、绿楔、绿网"等基本模式。

一、"绿环"模式

绿环模式多应用于核心城市，其基本特征是在城镇规划建设区外围一定范围内，强制设置具有较强自然特色、基本闭合的绿色开敞空间，形成城镇规划建设区与周边城镇的生态隔离绿环。该绿环具有重要的生态价值，包括生产防护、绿化隔离、景观等多种功能。如英国1944年的大伦敦规划以市中心为圆心，在半径48km范围内，将约6700km²的地区划分为4个同心圆：城市内环、郊区环带、一条宽约16km的绿化带和农村环带。绿环的设置对伦敦城市的发展形成了重大影响，中心城区的扩展受到环城绿地的限制，在绿环以外形成了功能相对独立、完善的卫星城镇。这一模式的形成，大多缘于核心城市外围缺乏具有严格限制作用的生态用地，而需要通过人为的规划划定来控制城市的蔓延（表4-4）。

部分城市绿环建设情况一览表 表4-4

城市	规模	布局形式	内容	始建年份
伦敦	13~14km宽 5780 km²	片、环状	林地、牧场、乡村、公园、果园、农田、室外娱乐、教育、科研、自然公园等	1938年
巴黎	10~30km宽 1187 km²	片、带、放射、环状	国有公共森林、树林、公园、花园、私有林地、大型露天娱乐场、农业用地、赛马场、高尔夫球场、野营基地、公墓等	1987年
莫斯科	50km宽 4630 km²	环、放射、楔形	森林公园、野营基地、墓园、果园、林地等	—
渥太华	4km宽 40km长 200km²	环状	农场、森林和自然保护区、公园、高尔夫球场、跑马场等	1950年

资料来源：广东省建设厅，广东省环城绿带规划指引，2003。

绿环模式的优点主要是空间布局上适应性较强，适合绝大多数城市，而且具有较高的可操作性。例如，英国通过《城乡规划法》在地方政府层面推行绿环模式，英格兰共形成14个环城绿带，占到国土面积的12%。绿环模式的主要缺点在于其划定以人为意愿为主，较为依赖政府的管制，尤其是在相关政策、法规配套条件不成熟的情况下，容易使生态绿地的控制流于形式（图4-22）。

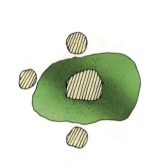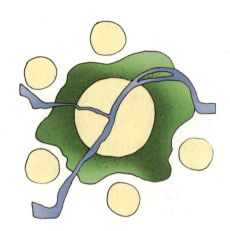

图4-22 绿环模式示意图

二、"绿心"模式

绿心模式多应用于中小城镇集群，其基本特征是各城镇围绕大面积绿心分布，城镇之间以绿色缓冲带相隔离。这种布局模式来源于田园城市理论，通常是围绕大型生态斑块形成。荷兰的兰斯塔德地区是典型的城市群

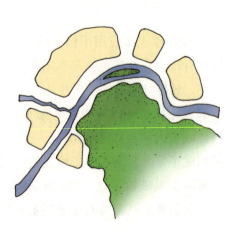

图4-23 绿心模式示意图

体围绕绿心发展的方式。兰斯塔德地区是包括鹿特丹、阿姆斯特丹、海牙等城市的城市带，兰斯塔德的中心是由大面积的农业景观构成的绿心，建成区与"绿心"之间设绿色缓冲地带以保护绿心。国内杭州等城市也是采取"绿心"布局模式，即围绕西湖风景区，通过外围生态带与绿心相连，形成围绕绿心的组团布局结构。

绿心模式的优点在于围绕绿心的各城镇或组团能够共享绿化空间，同时集中的大规模绿地的设置有利于生态功能的发挥。其缺点主要是绿心的设置和城市中心的集约发展要求存在一定矛盾，不利于绿地的控制和保护（图4-23）。

三、"绿楔"模式

绿楔模式多应用于组团型城市，其基本特征是较大空间范围的生态绿地空间由城市外围向城市内部延伸，与城市建设区形成"楔形相交"的嵌合形态。这一布局模式通常需要基于较好的自然环境条件而形成，如山体、江河等自然生态空间，通过楔形绿地，城市与生态空间之间的交互界面更加自由和连贯，并形成城市中心区与外部生态区的气流交换，充分发挥生态空间在改善城市环境方面的主要作用。如墨尔本的城市规划提出自城市外部向内部延伸若干楔形的城市生态绿化带，为城市居民提供绿地和空气新鲜的休憩场所。

绿楔模式的优点在于通过内外贯通的生态空间连通，能够使城市中心区密实的

 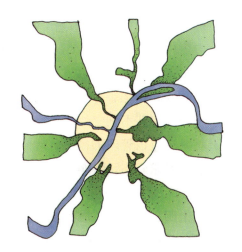

图4-24　绿楔模式示意图

建设区与生态空间形成一定程度的平衡，使城市居民能够同时享受便捷的城市生活和优美的自然空间。其主要缺点在于受中心区位地价较高的影响，绿楔靠近并深入城市中心区部分的保护与维育存在较大的困难（图4-24）。

四、"绿网"模式

绿网模式多出现在生态要素比较密集的多中心城市或城市地区内，其基本特征是各种类型、各种尺度的生态空间分散布局于城市的各个地区，同时通过自然或人工的绿化廊道形成连

续而统一的网络体系。这一模式的形成通常需要城市在建设发展过程中对生态保护和环境问题给予足够重视,确保在快速的城镇化进程中分散的生态斑块不至于被建设活动所侵蚀。如波士顿在1892年由埃利奥特提出的区域公园系统规划方案,对城市生态环境保护和建设高度重视,通过建设各种类型生态绿地、城市公园,形成了布局均衡的网状生态绿化系统空间体系。

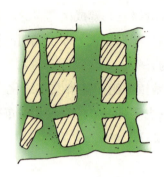

图4-25 绿网模式示意图

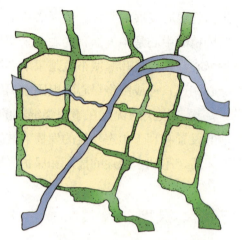

绿网模式的优点在于相对均衡化的网络布局,能够使城市各个地区的生态空间品质和绿化服务水平趋于一致。其不利之处在于对城市建设管理的精

图4-26 环楔叠加模式示意图

细化水平要求较高,各类绿地管制要求之间存在差异,需要多部门协作才能实现规划目标(图4-25)。

以上四种基本模式是城市生态空间体系的基本结构,但在实际城市建设中,受城市自然生态要素、城市建设发展以及环境制度、社会变迁等各方面因素的影响,实际上往往形成由多种模式共同叠合而成的综合模式。例如莫斯科同时采用了绿楔模式和外围防护林带的绿环模式,在建设和发展过程中,又由于城市公园体系的构建和联系形成绿网格局。各个城市生态空间形态的综合模式又因为四种基本形态的各自权重不同而呈现不同的特征。总体来看,各类生态空间模式在形态组合上虽各有不同,但最终都趋向各类生态空间要素的叠合与连通,共同形成具有强烈人工化色彩的城市生态空间体系(图4-26)。

第五章　特大城市生态空间体系规划的研究方法

城市生态空间体系规划是一种协调城市人类与资源、环境、社会、经济、发展等要素和系统关系的规划类型，其核心特征是"关系"。在研究方法上，城市生态空间体系规划的研究强调理论分析、结构模式、要素支撑的相互融合；在研究对象上，从城市研究迈向乡村和区域，关注区域的可持续发展。

第一节　特大城市生态空间体系的规划要点

一、规划的基本前提

从我国当前的发展阶段看，资源短缺，人多地少，发展压力大是不争的事实，这也决定了我国现阶段的城市建设只能走资源节约的道路。快速的城镇化和工业化发展使我国大多数城市普遍面临自然生态空间不断遭受蚕食和冲击的尴尬，特别是我国经济及大多数城市70%以上的能源来源于煤炭，这些都对城市生态环境的未来带来极大的影响。

在未来几十年间，我国将出现城镇化和工业化的高潮，还将出现城镇化高峰与机动化高峰合并的现象，如果不能妥善协调由此而带来的一系列发展困境，将会对城市生态环境造成较大的负面影响，将会出现国内资源供给相对稀缺的问题（沈清基，2009）。也即是说，经济发展速度的加快、城镇规模的扩大都将与生态环境容量产生巨大的矛盾。所以，研究特大城市的生态空间体系，必须充分认识到当前发展阶段的特殊性，并以此为基本前提，将取得资源、人口、土地、环境、发展等因素之间的有机平衡作为规划的基本目标之一。

二、规划的侧重点

如何通过科学合理的城市生态空间体系规划来构建特大城市的生态空间格局，并对城市生态环境的良性发展和城市可持续发展起到积极的促进作用，是规划必须予以重点关注的问题，其侧重点主要有五个方面。

1. 注重战略性、体系性与项目性相结合

城市生态空间体系规划是从城市发展的宏观层面对城市各类生态空间作出框架性规划布局，具有战略性、体系性的特征，需要对影响、制约城市长远发展的资源、环境、土地

空间、人等各种要素的相互关系进行统筹调控，协调人与环境的关系。同时，城市生态空间体系规划也必须通过具体的项目来予以实施。所以，我们既不能将生态空间体系规划仅仅作为纯技术的规划成果，简单地自上而下，片面强调规划的战略性、体系性，也不能简单地自下而上，使生态空间成为各种具体建设项目的载体，导致规划统领作用的丧失。只有将两者有机地结合起来，将自上而下的战略统领与自下而上的发展需求有机融合，才能达到城市的生态发展目标。

2. 注重问题导向与目标导向相结合

在规划体系和内容上，从城市生态空间发展问题入手，因地制宜、有针对性地解决城市发展过程中最核心、最关键的生态问题。同时，将生态优先和可持续发展的理念真正体现于城市生态空间体系规划之中，并贯穿于从理念、目标、规模到空间布局的全过程。在规划成果内容上，则不一定追求面面俱到，包罗万象。

3. 注重物质空间规划与生态系统研究相结合

城市生态空间体系规划应以生态系统评析为基础，将城市生态系统的发展状况、组成要素、需求供应的量化作为重要内容之一，分析城市生态用地的总量与城市生态环境质量之间的关系，城市生态用地的不同规模和种类的组合对城市生态环境质量的影响及其相互关系，并将之作为支撑生态空间结构布局、形态、功能等问题的重要依据。

4. 注重城市与区域生态空间体系规划相结合

城市生态空间体系规划应强调城乡一体，必须从研究范围和视野上进行有效扩大。联合国环境署提出的生态城市6条标准之一即是发展生态农业，充分说明乡村地区对城市生态空间的重要性。《2008旧金山国际生态城市宣言》指出："通过区域和城乡生态规划等各类有效措施使耕地流失最小化"，这表明了城乡联合进行生态空间规划对土地资源的保护作用（沈清基，2009）。故而，城市生态空间体系规划应注重城市与区域持续发展的同步化，将城市建设区生态空间与农村地区生态空间融为一体，并从更广阔的层面与区域生态空间体系相结合。

城市生态空间体系规划应充分考虑城市的生态腹地，即：由自然规律决定的，与城市具有密切生态联系的，具有维持城市赖以生存之生态基础作用的城市外围的特定区域（王宝均等，2008）。生态腹地应当被视为城市生态空间的有机组成部分，对城市的生态安全具有重要的影响，城市生态空间体系规划必须将生态腹地纳入规划范畴。

5. 注重规划与先进技术手段研究相结合

前瞻性的规划研究要超越现有技术可行性的限度，为实现进一步的飞跃而寻找新信息、新工具，或者是一些新的分析方法。高质量地完成前瞻性的研究不仅需要科学想法的驱动，而且需要大量的、有效的工具和手段用以实现数据、理论、概念和模型的完美的整合（Rusack et al.2002，Burrows et al.2002）。

第二节 特大城市生态空间体系规划的编制方法

一、基础研究方法

关于特大城市生态空间体系规划的编制研究，国外侧重动态的研究方法，其中，模型研究是城市生态空间研究最为活跃的领域。从模型整体设计思路看，城市生态空间动态模拟可归纳为两大类，即生态空间动态模型和非空间动态模型。在城市生态空间动态模型构建中，基于遥感、GIS和相关定量分析手段的空间模型手段被广泛采用，其中以模拟城市建设用地扩张的元胞自动机（Cellular Automate——简称CA）模型的应用最为广泛。

对于生态空间体系规划必不可少的城市生态环境的评价方法，则一般选取社会、经济、自然等各个方面的指标进行综合评价，诸如人均GDP、空气、水、土壤、生物多样性等。联合国开发计划署在《中国人类发展报告2002》中，以空气污染、水污染、营养状况和卫生设施可及性四项内容作为基础，提出了"健康风险指数"的概念。因此，空气质量是影响城市生态环境的一个重要的指示性指标。此外，城市绿地在改善城市空气质量、降低噪声等方面有重要作用。世界各地的环境心理研究也表明，城市居民把公园和自然要素看做是环境的正面特性。在建设生态城市、人性化城市的过程中，城市绿地的水平高低是体现城市的经济和社会发展水平的重要指标之一。其中，城市公园是城市绿地的重要组成部分。1992年《世界发展报告》也在附录中列举了世界各个国家重要城市的公园面积，作为衡量城市发展的指标。

目前对城市的生态环境质量进行评价的方法主要有：模糊评价；城市生态敏感性分析；通过问题分析、过程跟踪、政策试验等对生态系统局部生态关系进行模拟试验的灵敏度模型；比较风险评价（comparative risk assessment）（Britton, 2000）；环境影响评价（EIA）、生命周期评价（LCA）等（Nath, 1996）。这些方法存在的主要问题是指标权重设置的主观性比较强。

二、城市生态承载力的评价方法

"生态足迹"分析法是一种定量测度地区人类对自然资源利用程度的方法，是近年来度量地区可持续发展程度较为通用的方法。作为城市生态空间体系规划中关于城市生态承载力评价的重要研究方法，本部分作一重点介绍。

1. 生态足迹的概念

国际上关于生态足迹的研究可以追溯到20世纪70年代，奥德姆（E.P.Odum）讨论了在能量意义上被一个城市所要求的额外的"影子面积"（Shadow Areas），贾森（A.M.Jasson）等分析了波罗的海哥特兰岛海岸渔业所要求的海洋生态系统面积。在此基础上，20世纪90年代，加拿大英属哥伦比亚大学规划与资源生态学教授威廉·里斯（William

Rees)和马西斯·瓦克纳格尔（Mathis Wackernagel）教授共同创造了一套生态足迹（Ecological Footprint）的理论方法，来定量表征生态承载力。威廉·里斯将其定义为：任何已知人口（某个人、某城市或某国家）的生态足迹是生产这些人口所消费的所有资源和吸纳这些人口所产生的所有废弃物所需要的生态生产总面积（包括陆地和水域）。其中生态生产也称生物生产，是指生态系统中的生物从外界环境中吸收物质和能量转化为新的物质和能量，从而实现物质和能量的积累。

威廉·里斯将"生态足迹"形象地比喻为"一只负载着人类与人类所创造的城市、工厂……的巨脚踏在地球上留下的脚印"，这一形象化的概念既反映了人类对地球环境的影响，也包含了可持续发展机制（图5-1）。这就是，当地球所能提供的土地面积容不下这只巨脚时，其上的城市、工厂就会失去平衡；如果这只巨脚始终得不到一块允许其发展的立足之地，那么它所承载的人类文明将最终坠落、崩毁（Wackernagel et al, 1999）。

生态足迹理论是建立在能量分析、生命周期评估、全球资源动态模型、世界生态系统的净初级生产力计算等理论的研究基础上，它用一种生态学的方法将人类活动影响表达为各种生态空间的面积，进而判断人类的发展是否处于生态承载力的范围内。

目前有20多个国家利用"生态足迹"计算各类承载力问题，世界两大非政府机构，世界自然基金会WWF（World Wildlife Fund）和重新定义发展组织RP（Redefining Progress）自2000年起每两年公布一次世界各国的生态足迹数据。

图5-1 生态足迹概念示意图
资料来源：http://www.efseurope.co.uk/

这种方法最初是应用于计算全球的生态足迹，发展到现在，被推广和应用于各种区域生态系统，包括城市生态足迹、园区生态足迹，甚至个人生态足迹的计算与评价。城市生态系统现状评价中，也往往把生态足迹作为一种重要的方法来应用。

2．生态足迹的计算

（1）计算思路

生态足迹方法是基于如下基本假设来进行计算的：人类能够估计自身消费的绝大多数资源及其产生废物的数量；这些资源和废物流能折算成相应的生态生产面积；采用生态生产力来

衡量土地，不同地域间的土地能转化为全球均衡面积，用相同的单位（hm^2）来表示；各类土地的作用类型是单一的，每标准公顷代表等量的生产力，并能够相加，加和的结果表示人类的需求；人类需求的总面积可以与环境提供的生态服务量相比较，比较的结果也用标准生产力下的面积表示。

所谓生态生产性土地是指具有生态生产能力的土地或水体。将各类土地统一成生态生产性土地面积的好处是极大地简化了对自然资本的统计，并且各类土地之间比各种繁杂的自然资本项目之间更容易建立等价关系，从而方便计算自然资本的总量。

根据生产力大小的差异，生态足迹分析法将地球表面的生态生产性土地分为6大类进行计算：①化石能源用地，用来补偿因化石能源消耗损失的自然资本存量而应储备的土地；②耕地，生态生产性土地中的生产力最大的一类土地；③牧草地，即适于发展畜牧业的土地；④林地，指可产出木材产品的人造林或天然林；⑤建筑用地，包括各类人居设施及道路所占用的土地；⑥水域，包括可提供生物产出的淡水水域和海洋。

（2）计算步骤与公式

生态足迹的计算步骤为：计算各类消费所使用的土地的面积；计算总土地占用面积；折算为生态足迹EF。

生态足迹计算模型如下：

$$EF = N \times ef = N \times r_j \times \sum (aa_i) = N \times r_j \times \sum (c_i / p_i)$$

式中：EF为区域总的生态足迹（hm^2），N为区域总人口数，ef为人均生态足迹（hm^2），aa_i为人均第i种交易商品折算的生态生产面积，r_j为均衡因子，无量纲（又称等价因子，是一个使不同类型的生态生产面积转化为在生态生产力上等价的系数。均衡处理后的六类生态系统的面积即为具有全球平均生态生产力的，可以相加的世界平均生态生产面积），c_i为第i种消费项目的人均消费量，p_i为生态生产面积上生产第i种消费项目的年（世界）平均产量（kg/hm^2）。

因为人类所需消费资源由两部分组成：生物资源消费（包括农产品和木材）和能源消费，因此生态足迹的计算由这两部分组成，在计算过程中需要列出生物资源账户和能源账户。在计算过程中，各种消费资源被折算成各种土地面积。

考虑到各类土地之间生产力的差异，分别赋予相应的权重，即均衡因子。根据相关研究，现采用的均衡因子分别为：耕地、建筑用地为2.8，森林、化石能源土地为1.1，草地为0.5，水域为0.2。这样处理后得到的6种类型的生态生产面积具有相同的生态生产力，是可以相加的世界平均生态生产面积，即生态足迹。

（3）生态承载力计算

1991年哈丁（Hardin）从生态系统本身的角度定义了生态容量的概念，即在不损害有关生态系统的生产力和功能完整的前提下，可持续利用的最大资源量和废物产生率。在此基础上,生态足迹理论将一个地区所能提供给人类的生态生产性土地的面积定义为该地区的生态承载力,以表征该地区的生态容量。

生态承载力的计算模型如下:

$$EC=ec\times N=N\times \sum a_j\times r_j\times y_j \quad (j=1, 2, 3, 4, 5, 6)$$

式中:ec为人均生态承载力,a_j为第j种生态生产面积类型的人均物理空间面积,r_j为均衡因子,无量纲,同生态足迹模型中均衡因子,y_j为产量因子,N为总人口数。

在实际的计算中要考虑到12%的生物多样性保护面积,用所计算的ec减去12%的ec所得的值就是实际的地区生态承载力。

(4) 计算结果分析——生态赤字或生态盈余

一个地区的生态承载力小于生态足迹时出现"生态赤字"(Ecological Deficit),其大小等于生态承载力减去生态足迹的差数;生态承载力大于生态足迹时,则产生"生态盈余"(Ecological Remainder),其大小等于生态承载力减去生态足迹的余数。生态赤字表明该地区的人类负荷超过了其生态容量,要满足其人口在现有生活水平下的消费需求,该地区要么从地区之外进口欠缺的资源以平衡生态足迹,要么通过消耗自然资本来弥补收入供给流量的不足。这两种情况都说明地区发展模式处于相对不可持续状态,其不可持续程度用生态赤字来衡量。相反,生态盈余表明该地区的生态容量足以支持其人类负荷,地区内自然资本的收入流量大于人口消费的需求流,地区自然资本总量有可能得到增加,地区的生态容量有望扩大,该地区消费模式具有相对可持续性,可持续程度用生态盈余来衡量。

3. 生态足迹方法的优劣势

(1) 优点

生态足迹的概念通过对一定的经济水平或人口对生产性资源需求的测定形象地反映人类对地球的影响;同时,它把自然资产的需求与支持人类生活的生物世界联系起来进行对比,则包含了可持续性的机制内涵。该定义的提出为人们形象地提供了更接近于真实的人类对自然界和生态系统的依赖程度。

与以往对生态目标测度的"承载力"相关研究不同,承载力研究多是强调一定技术水平条件下,一个区域的资源或生态环境能够承载的一定生活质量的人口、社会经济规模,而生态足迹一方面从供给面对区域的实际生物承载力进行测算,作为可持续发展程度衡量的标杆;更为重要的是它还从需求面试图估计要承载一定生活质量的人口,需要多大的生态空间,即计算生态足迹的大小,以此二者的比较来确定特定区域的生态赤字或生态盈余。该理论从一个全新的角度来考虑人类社会经济发展与生态环境的关系,可能是全面分析人类对自然影响并用简单术语表示这种影响的最有效的工具之一。

生态足迹模型首次基于"全球平均生态生产性土地面积"这一简单、直观的公用单位来实现对各种自然资本的统一描述,并引入当量因子(或均衡因子,Equivalence Factor)、产量因子（或生产力因子，Yield Factor）使得特定人口不同尺度区域的各类土地面积可加、可比，从而为度量可持续性程度提供了一杆"公平秤"，使人们能明确判断现实距离可持续性目标有多远，从而有助于监测可持续方案实施的效果。

与目前衡量可持续发展的主流指标体系：货币化指标（如绿色GDP，ISEW等）和非货币化指标（如DSR，人文发展指标等）相比，该模型由于资料的相对易获取、计算方法的可操作性和可重复性，使得生态足迹分析具有广泛的应用范围，可以计算个人、家庭、城市、地区、国家乃至全球这些不同对象的生态足迹，对它们进行纵向的和横向的对比分析，也可以就不同的行动方案计算生态足迹。另外，生态足迹计算具有很强的可复制性，有利于推动该模型方法的普及化。

(2) 不足之处

准确地说，生态足迹分析法是一种生态可持续性的分析方法。它强调的是人类发展对环境系统的影响及其可持续性，没有涉及经济、社会、技术方面的可持续性，并不考虑人类对现有消费模式的满意程度，具有生态偏向性。

如瓦克纳格尔所言，生态足迹分析没有把自然系统提供资源、消纳废弃物的功能描述完全，忽视了地下资源和水资源的估算；另外，现有的生态足迹分析中有关污染的生态影响这一点墨迹寥寥。事实上，由于酸雨、工业废水等导致的资源条件的恶化，世界上的生态生产性土地及水域面积是不断缩减的，换一个角度来说，人们现在实际所占有的生态足迹要比计算结果更大。同时，由于生态足迹分析属于静态的分析，无法反映未来的趋势，也不足以监测变化过程。

三、基本编制程序

目前关于城市生态空间体系的规划，在实际运用中，更多地表现为一种将生态理念渗透到空间规划之中，穿插在空间规划的各个层面，在各个编制阶段中得到体现，还没有形成统一的编制方法和工作规范，但是不少专家学者对此已做过不同层次的研究。

英国格迪斯的三段论"调查—分析—规划方案"反映了典型的城市空间规划程序，而控制论的引入改进了城市规划的编制程序，它把城乡空间视作复杂而相互作用的系统，以控制论为基础的规划基本概念是关于规划或控制系统自身与受控制系统这两个平衡系统之间的相互作用，因此可以视之为系统规划。

麦克哈格于1969年针对城市与区域规划制定了生态规划的编制程序。他的生态规划框架对后来的生态规划影响很大，成为20世纪70年代以来生态规划的基本思路。麦克哈格的生态规划方法可以分为七个步骤，即：

(1) 划分范围与制订规划研究的目标：确定所提出的问题。

(2) 区域资料的生态细目与生态分析：广泛收集规划区域的自然与人文资料，包括地理、地质、气候、水文、土壤、植被、野生动物、自然景观、土地利用、人文、交通、文化、人的价值观等，确定系统的各个部分，指明它们之间的相互关系。

（3）区域的适宜度分析：确定对各种土地利用的适宜度，如：住房、农业、林业、娱乐、工商业发展和交通。

（4）方案选择：在适宜度分析的基础上建立不同的环境组织，研究不同的计划，以便实现理想的方案。

（5）方案的实施：应用各种战略、策略和选定的步骤去实现理想的方案。

（6）执行：执行规划。

（7）评价：经过一段时间，评价规划执行的结果，然后作出必要的调整。

20世纪90年代，美国华盛顿大学的Sreiner针对资源管理提出生态规划程序：明确规划问题与机遇—确立规划目标—区域尺度景观分析—地方尺度景观分析—详细研究—规划区的概念及多解方案—景观规划—持续的市民参与及社区教育机制—设计探索—规划与设计的实施—规划管理。

我国学者王祥荣（1995）则认为：城市生态规划的目的是在生态学原理的指导下，将自然与人工生态要素按照人的意志进行有序的组合，保证各项建设的合理布局，能动地调控人与自然、人与环境的关系。他从环境科学、城市研究等多维应用的角度提出由规划、环保等部门协同，以解决生态功能区划、环境保护工程措施、绿地系统规划设计、生态与环境管理措施为规划对策的工作程序。

王如松等从可持续城镇设计的角度提出由城镇生态调查、城镇生态评价、城镇生态决策分析组成的工作流程，具体包括确定规划目标、资料收集、城镇生态评价、城镇社会经济特征分析、城镇生态适宜性分析、城镇经济分析、方案评价、规划实施等。

以上这些规划程序均是适用于各个领域的"泛"生态规划程序的探讨，缺乏基于某一确定领域的程式化、规范化的生态空间体系规划的程序研究。本书认为，生态空间体系规划在城乡空间规划中走向正规化、程序化是研究层面走向工程技术层面广泛应用演进的必然趋势。针对城市生态空间体系规划的空间实践特征、城乡统筹特征和生态控制的动态、渐进程序特征，城市生态空间体系规划与城市规划应当在规划流程上紧密结合。2006年4月1日起实施的《城市规划编制办法》对城市生态环境给予了较大关注。生态空间体系规划要与城市规划体系相结合，与现有城市规划编制体系紧密衔接，才能发挥其作用，并更好地为城市的可持续发展服务。城市生态空间体系规划编制的程序如图5-2所示。

第五章 特大城市生态空间体系规划的研究方法

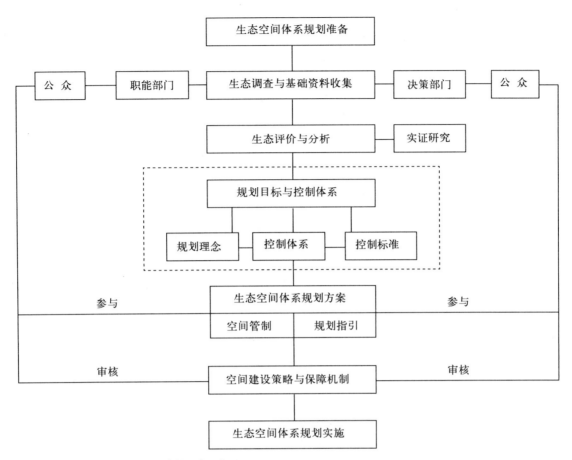

图5-2 城市生态空间体系规划编制程序示意图

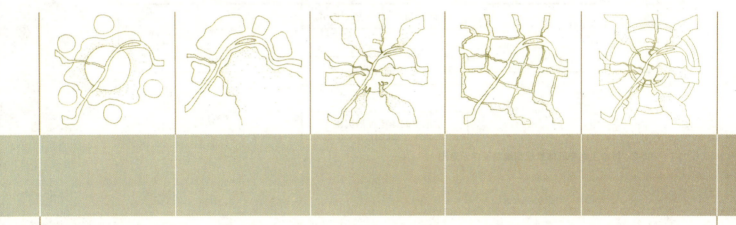

Ecological Spatial System Planning and Management Study Of Megacity

下篇　实践篇

第六章 武汉市生态空间体系保护规划的背景与现势基础

武汉是我国中部地区的特大中心城市，地处江汉平原东部，长江、汉江交汇处，市域范围生态资源丰富、湖泊众多，素有"江城"、"百湖之市"的美誉。当前，武汉正处于快速城镇化的重要历史阶段，面临着一系列经济发展和环境保护之间的突出问题。新一轮城市总体规划修编完成后，武汉市城市规划管理局自2007年7月至2008年底，以"国际征集—方案落地"的两阶段工作形式组织了《武汉市生态空间体系保护规划》的编制工作。第一阶段，市规划局组织了《武汉市生态框架控制规划方案》国际征集，由中国城市规划设计研究院承担了规划方案的编制任务；第二阶段，以武汉市城市规划设计研究院为主，在征集方案的基础上，与中规院项目组联合进行方案的深化落地，完成《武汉市生态空间体系保护规划》成果内容。该项规划工作历时一年半，工作重心旨在深化落实总体规划确定的城市生态框架体系，重点从系统层面对都市发展区生态空间进行落线，划分禁限建分区，并制定适应武汉特色的生态空间管控策略。该规划的编制契合了当前我国特大城市发展的阶段需要，为我国特大城市生态空间体系的构建与管控提供了借鉴与参考。

第一节 规划背景

一、武汉城市概况

世界第三大河长江及其最大支流汉江在武汉交汇，将市区分为汉口、汉阳和武昌三镇，形成"两江交汇，三镇鼎立"的独具特色的城市空间格局（图6-1～图6-3）。武汉市现辖13个城区，3个国家级开发区，版图面积8494km^2，截至2008年，全市常住人口897万人。

武汉位于中国经济地理中心，交通四通八达，素有"九省通衢"之称，东去上海、西抵重庆、南下广州、北上京城，距离均在1000km左右。随着京广和沪汉蓉高速客运线的建成通车，将进一步强化武汉"得中独厚"的区位优势和经济地位。

武汉依江傍水、河湖纵横，境内160多个湖泊坐落其间，水域面积占到全市国土面积的1/4，居全国大城市之首，其中东湖水域面积33km^2，是中国最大的城中湖。同时，武汉山水相依，上百座大小山峦遍布其中，具有典型的山水园林城市特色（图6-4、图6-5）。

但随着城镇化的快速发展，城市建设区向外围地区不断拓展，城市建设和生态空间保护之间的矛盾日益突出，亟需通过构建结构合理、布局完善的生态空间体系来实现生态资源的有效保护，促进城市的可持续发展。

第六章　武汉市生态空间体系保护规划的背景与现势基础

图6-1　武汉三镇鸟瞰

图6-2　武汉龟山

图6-3　武汉蛇山黄鹤楼

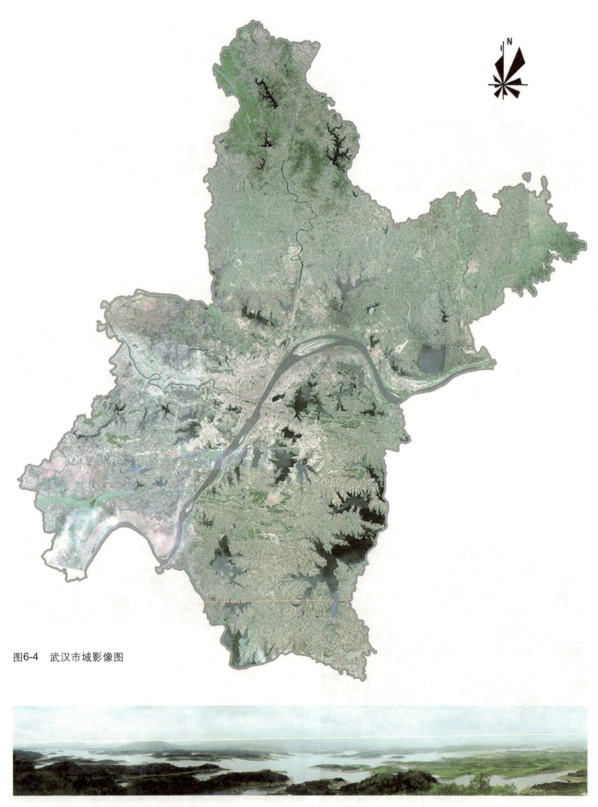

图6-4 武汉市域影像图

图6-5 武汉木兰生态旅游区梅店水库全景

二、规划编制背景

1. 武汉城市圈获批国家"两型社会"综合配套改革试验区

建设"资源节约型、环境友好型"社会，是我国总结过去、展望未来，为落实科学发展观、全面建设小康社会、实施可持续发展战略而确立的重大举措。2007年12月，经国务院批准，武汉城市圈成为"全国资源节约型和环境友好型社会（简称'两型社会'）建设综合配套改革试验区"。

"两型社会"建设是一项系统工程，具有丰富的内涵，其核心是把经济社会发展所耗费的资源环境代价降到最低，实现全社会的可持续、科学发展。"两型社会"建设对"资源节约"和"环境友好"两个领域提出了并重的发展要求。建设"资源节约型"社会要求整个社会经济的发展建立在节约资源的基础上，通过对资源的综合利用，提高资源利用效率，以最少的资源消耗获得最大的经济和社会效益，保证经济社会的可持续发展，侧重的是资源利用的经济效率；建设"环境友好型"社会则是要求整个社会经济的发展以环境承载力为基础，大力推动环境治理和生态保护，实现人类的生产和消费活动与自然生态系统协调可持续发展，呈现一种人与自然和谐共生的社会形态，侧重的是社会经济发展的生态效率。

"两型社会"的内涵于规划行业而言，其聚焦点在于对规划"资源"对象的诠释。城乡规划领域所面对的资源，无疑以城乡用地这一作为重要生产要素的"空间资源"为核心，也是以城乡规划工作最本质的"物质空间"为统筹对象。城乡社会经济发展速度的加快直接使得城乡空间资源的约束日渐突出，如何高效、集约地利用城乡空间，创造有利于各类空间，如生态空间、产业空间、人居空间、景观空间等资源的合理组织和匹配，达到集约、节约型内涵式发展目标，并与城乡自然生态系统相协调，实现可持续发展，很显然是城乡规划在促进"两型社会"建设、实现物质空间统筹目标上的核心主旨。

武汉城市圈"两型社会建设综合配套改革试验区"的获批，无疑将武汉置于了经济发展与资源节约、环境友好并重，实现可持续发展的改革创新前沿，对武汉市在落实科学发展观与构建社会主义和谐社会方面指明了探索方向。在这一新的历史起点上，如何凸现城市优势、体现城市特色、探索一条符合"又好又快"发展要求的新型城市化道路，是当前武汉城乡规划工作所面临的重大机遇与挑战，本次武汉生态空间体系保护规划既是对落实"两型社会"建设的积极响应和具体探索，更是对武汉的城乡规划工作提出了新的要求。

2.《武汉市城市总体规划（2010～2020年）》修编完成并获国务院批准

经建设部批准同意，武汉城市总体规划修编完成并获国务院批准。为提高土地使用效率，实现集约式发展，武汉城市总体规划提出将全市域划分为都市发展区和农业生态发展区两个层次的功能发展区，对其发展政策进行分类指导，建立集约型城市空间框架，引导城市空间有序扩展，统筹布局各级城镇空间，严格保护耕地和生态资源。都市发展区由主城区和新城组群两部分组成，主城区重点发展中国中部地区的生产和生活性服务中心职能，重在进行功能和

图6-6 武汉市域功能区划示意图

结构的优化调整；新城组群以城镇发展和生态保护为主导，主要布局工业、居住、生态游憩、交通物流等功能，是未来城镇空间的重点拓展区（图6-6）。

在空间结构上，基于武汉市独有的江河湖泊等自然生态条件和产业空间发展现实，都市发展区范围确定了"以主城为核，轴楔相间"的开放型空间发展战略。城镇的拓展区集中到主城区之外的六个主要轴向上，依托大运量轨道交通和区域性主干道组成的复合交通走廊，集

第六章 武汉市生态空间体系保护规划的背景与现势基础

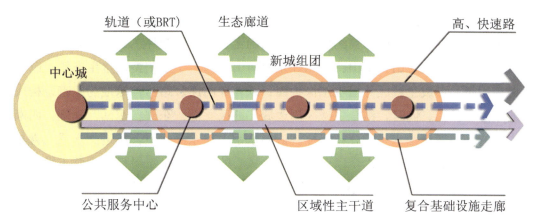

图6-7 武汉新城组群复合交通走廊引导模式示意图

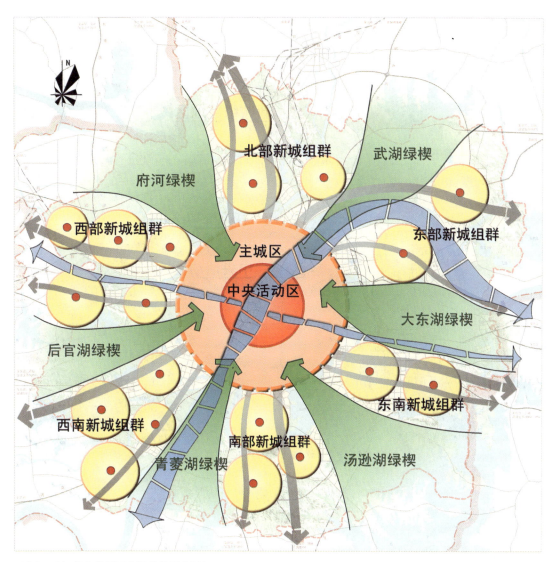

图6-8 武汉都市发展区空间结构示意图

99

聚若干新城和新城组团，集中高标准配置交通、市政及公共服务设施体系，建设六个新型的新城组团集群，实现城镇空间的集约发展。规划确定了"两轴两环、六楔入城"的城市生态框架。以长江、汉江及蛇山、洪山、九峰等东西向山系为"十字"型山水生态轴；以三环线防护绿地为纽带，形成主城区外围生态保护圈；以外环高速公路防护绿地为纽带，构成都市发展区的生态保护圈。同时，结合主城区周边城郊地区北部、东部、东南、南部、西南、西部六个方向的大中型湖泊水系的分布，控制武湖水系、大东湖水系、汤逊湖水系、青菱湖水系、后官湖水系、府河水系等六个以大型水系为核心的放射形生态绿楔，由都市发展区外围直接渗入主城，建立联系城市内外的生态廊道和城市风道（图6-7~图6-10）。

图6-9　武汉都市发展区规划结构图
　　资料来源：武汉市城市总体规划（2010~2020年）。

第六章 武汉市生态空间体系保护规划的背景与现势基础

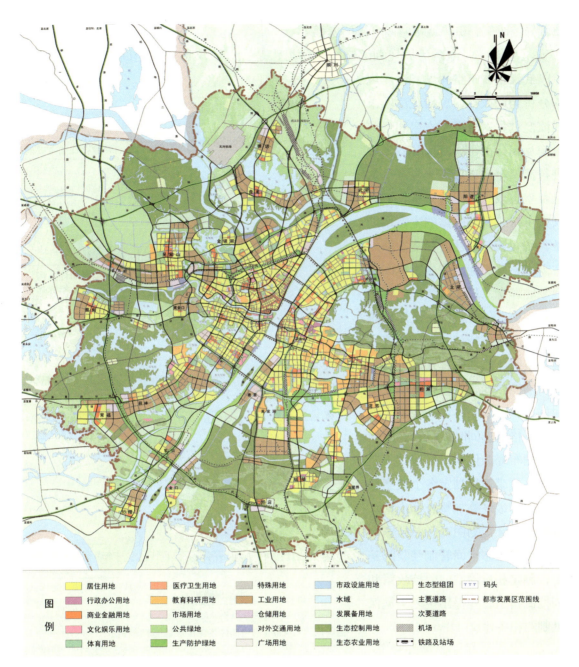

图6-10 武汉都市发展区用地规划图
资料来源：武汉市城市总体规划（2010～2020年）。

三、规划编制思路

武汉生态空间体系保护规划的编制，以城市总体规划确定的生态保护框架为原则，结合武汉市新城组群分区规划，在武汉市域范围1∶10000比例尺地形图上对上位规划确定的空间结构进行深化完善和空间落实，同时按照建设部相关规定划定禁限建分区，制定相应的空间管制和规划导控政策，引导城市空间可持续发展。

武汉生态空间体系保护规划编制的总体思路是：以武汉市生态空间资源调查评价为基础，以武汉市城市空间发展演变规律的分析为切入点，总结武汉城市发展演变过程对城市生态空间资源的影响及其存在问题，利用GIS手段进行武汉市生态足迹、生态承载力以及生态敏感性评价分析，测算武汉市可持续发展所需的生态用地总量，结合武汉市社会经济发展的现实需求，提出武汉市生态空间体系规划的理念、目标和指标体系；在此基础上，结合武汉市地形地貌和生态资源分布特征，深化完善城市生态空间体系结构模式，进行生态空间功能布局，并衔接区域生态空间体系，形成一体化的区域生态空间体系格局。同时，以生态空间体系规划布局为依据，按照禁限建区的构成要素逐次划定各个要素层次的界线，最终叠加整合形成武汉市禁限建分区规划图，在总结国内外各大城市生态空间管制经验的基础上，制定相应的空间管控政策和规划控制指引，并提出规划实施保障机制的相关建议（图6-11）。

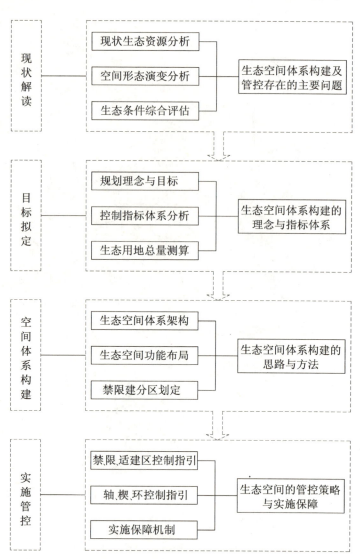

图6-11 武汉市生态空间体系保护规划技术路线图

第二节 武汉市生态资源解读

一、生态资源条件

1. 自然地理状况

武汉位于江汉平原东部，地形属残丘性河湖冲积平原，处于丘陵地带经平原向低山丘陵过渡地区，地势北高南低、中部低平，以丘陵和平原相间的波状起伏地貌为主，南部丘陵、岗地密集，北部低山林立，80%以上面积为岗垄平原和平坦平原地区，河道纵横交错，湖泊星罗棋布，市区平均海拔20~26m。

武汉属北亚热带季风（湿润）气候，常年雨量充沛、热量充足、冬冷夏热、四季分明。年平均降水量1284mm，降水相对集中于6~8月。年平均气温16.4℃，夏季高温持续时间长，极端最高气温为41.3℃，最低气温为-18.1℃。根据武汉市气象局多年观察数据表明，武汉市风向明显地随季节变化而变化，冬季以北风、东北风和偏北风为主，夏季多东南风，全年主导风向为东北偏北。

2．土地利用状况

武汉市域国土面积8494km^2，主要包括城镇建设用地、农村居民点用地、耕地、林地、水域等。根据2008年武汉市土地利用现状变更调查数据，2008年全市现状农用地面积为5532km^2，其中耕地面积3361km^2；建设用地面积为1521km^2，其中包括城镇建设用地、独立工矿用地和农村居民点用地等。

从现状土地利用情况来看，主要有五个方面的特点：一是江河纵横、湖泊众多，滨江滨湖特色显著，长江、汉江等11条纵横交织的河流，以及东湖、沙湖等点缀其间的湖泊构成武汉市独特的水资源景观；二是农用地以耕地为主，园地、林地、牧草地面积相对较小；三是农村居民点数量众多而布局分散，除城关镇外，建制镇用地规模普遍偏小；四是现状城镇建设区集中分布于中部滨水平原地区，而北部山区及东部岗丘地区城镇数量及规模较小；五是未利用地多为河流、湖泊等不可占用的生态空间，开发潜力有限。

3．主要生态用地状况

武汉市大规模的集中生态用地主要分布在主城区外围，其景观特色可概括为"江、湖、泽、田"。市内江河湖泊等水资源丰沛，湿地资源也相对丰富，农田多分布在长江、汉江两侧的冲积平原，地势平坦，是武汉市生态环境的重要组成部分。建成区内生态用地主要为湖泊和各类城市绿地。生态用地按用地性质主要分为以下四类：

（1）水域

武汉市江河纵横，河港沟渠交织，湖泊库塘星罗棋布，水生态环境优势明显。长江穿城而过，汉江、滠水、府河、倒水、金水、通顺河、东荆河等从南北两岸汇入长江，形成以长江为干流的庞大水网。全市各类水域现有水面总面积逾2100km^2，超过市域国土面积的1/4。全市人均淡水资源拥有量达到91953m^3，是全国人均占有量的39倍，是世界发达国家人均值的10倍。

市内5km以上河流计165条，境内总长2160余km，水面面积约471km^2。长江从西南汉南区新沟入境，穿越市区，在新洲区大埠镇出境，境内流程约145km。汉江从西部蔡甸区入境，经东西湖区至中心城区，于龙王庙处汇入长江，境内流程约62km。

市内大小湖泊166个，水面面积约780km^2，镶嵌于纵横交错的水网之间，对于净化空气、调节气候、降解污染、调蓄洪水、丰富城市空间景观、发展城市旅游都具有十分重要的意义。其中，中心城区湖泊38个，远城区面积大于0.1km^{2}的湖泊109个，湖泊总容积近20亿m^3。

全市湖泊中,面积大于0.5km²的计有83个,面积大于1km²的湖泊58个,东湖、梁子湖、斧头湖、鲁湖、涨渡湖、武湖、汤逊湖、后官湖、后湖、青菱湖、严西湖等多个湖泊面积大于10km²。

市内大、中、小型水库计有273座,其中大型水库有夏家寺水库(木兰湖)、梅店水库和道观河水库等3座,中型水库有6座,小型水库264座。水库总承雨面积约850km²,总库容9亿余m³(图6-12)。此外,市内还有塘堰85000余口,容积约6亿余m³。

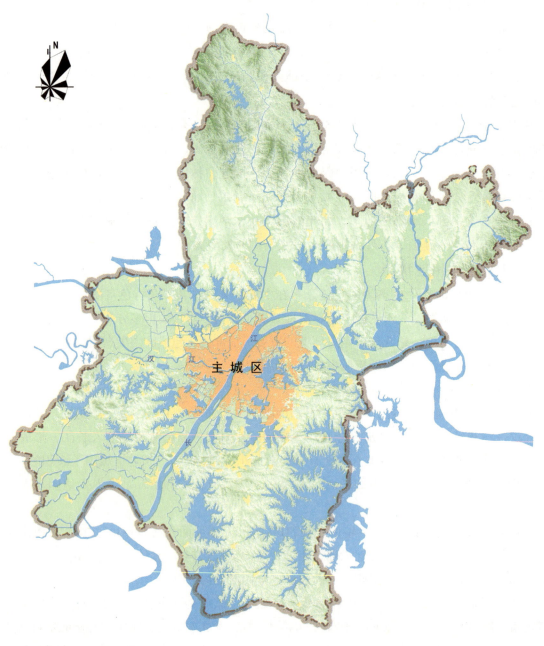

图6-12 武汉市域水系现状分布示意图

武汉市由于境内河流、湖泊众多，与其相联系的湿地、半岛等水陆交错区也较多，拥有丰富的湿地资源。由于湿地和交错区多沿河流、湖泊分布，且季节性浸水的沼泽湖泊是维护生物多样性的重要自然湿地生境，因而这类生态用地的保护对武汉市水生生态系统保护具有重要作用。

（2）农田

截止2008年，武汉市耕地面积计3361km^2，园地131km^2，两者在市域总面积中的占比逾40%，主要分布在建成区外围，尤以都市发展区范围外分布相对集中成片。

（3）林地

2008年武汉市林地面积878km^2，约占市域总面积的10%。在林业用地中，森林为市域林业发展的主要类型，主要分布在远城区，相对集中在黄陂区北部山区、新洲区东部、江夏区纸坊附近山区、蔡甸区西湖东西两侧及东湖东部等处。

武汉市山体资源丰富，大小山体计有160余座。大别山余脉横贯北部黄陂区，其中以风景秀丽的木兰山较为著名（图6-13）。都市发展区内有两列东西走向、南北平行的山系，主要有龟山、蛇山、洪山、珞珈山、喻家山、马鞍山、九峰山、龙泉山、八分山等，形成了山水交融的独特自然空间形态。

（4）城市绿地

近十多年来，武汉市以山水园林城市建设为目标，在城市园林绿地建设方面取得了很大成效，建成区绿量大幅增长，绿地布局逐步走向均衡、合理，2005年被评为"国家园林城市"（图6-14）。《武汉市统计年鉴-2009》数据显示，截至2008年底，武汉市建成区内公园绿地面积为55km^2，建成区绿地率32%，绿化覆盖率37%，森林覆盖率25%，人均公园绿地面积9.2m^2，各项指标较国家园林城市基本指标均有大幅提高。

图6-13　武汉木兰山

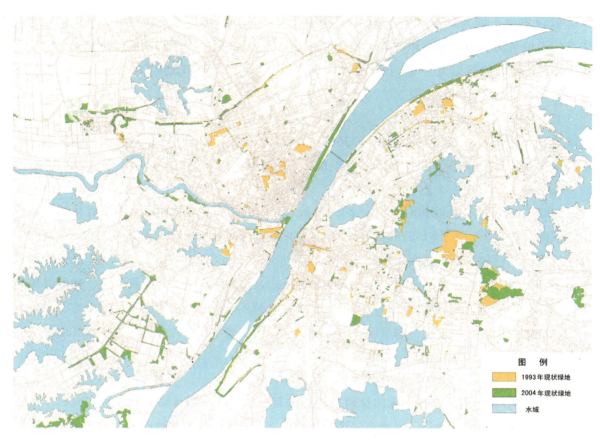

图6-14 武汉市建成区1993、2004年绿地现状叠加分析图

一大批老城区内公园绿地的新建和改扩建，改善了人口稠密区城市绿地格局。按规划所建设的规模达290hm²的汉口江滩公园，成功地将原处于堤外的闲置用地转型为一处深受市民及游客喜爱的城市"绿色客厅"，拉开了武汉两江四岸建设滨江公园绿地的序幕，武昌江滩和汉阳江滩也已全面展开了滨江绿化建设，武汉江滩的利用模式与景观环境建设已在全国具有示范效应（图6-15）。国家级东湖风景名胜区实施环湖景观改造、建成落雁景区自然生态园、改造提升听涛景区南部地区等，为提升风景区的整体功能与环境品质奠定良好基础。同时，在"一山一景、一湖一景"的规划指导下，蛇山显山透绿工程、菱角湖公园、西北湖广场等一批依山、依湖建设的公园、绿化广场等，也进一步彰显了武汉滨江滨湖园林景观特色。

但同时，目前武汉市各类城市绿地现状也存在分布相对不均、绿地破碎程度高、缺乏必要的廊道连接、生态系统性还未能有效形成等一系列问题。从公园绿地的分布来看，综合性公园形态较为单一，居住区公园数量偏少，人均公园绿地水平在各个城区之间相差还较大。城区内部分山体和湖泊仍处于保护和利用的初级、粗放状态，仍有诸多山体、湖泊被建筑环绕，缺乏足够的公共开敞地段、视线通廊和陆域绿化空间。

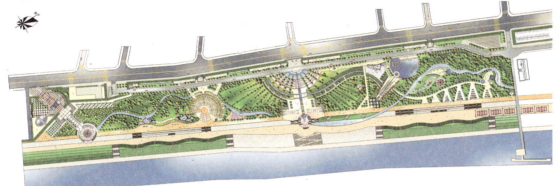

图6-15　武汉汉口江滩公园

二、生态资源的主要特征分析

武汉生态资源的特色以水资源特色为核心，其主要特征可概括为四个方面：

1. 河湖水系充沛，"湖群"集聚特征明显

武汉"缘水而兴"，素有"江城"和"百湖之市"的美誉。一方面，武汉"得水生城"，水是孕育和形成武汉的必要条件；同时，武汉又是"因水兴城"，水是促进武汉城市发展的重要因素，从3500年前盘龙城的兴衰，到三国时期占据长江天险的武昌城的兴起，再到汉水改道后汉口的繁荣，以及近代依托长江黄金水道快速发展而成的"大武汉"，每一次城市大的发展均与水有着不解之缘（图6-16）。

图6-16　1876年湖北武汉全图
资料来源：武汉历史地图集编纂委员会.武汉历史地图集，北京：中国地图出版社，1998。

从市域层面看,武汉的水资源分布呈典型的"湖群密集"特征。长江、汉江和府河共同构成了武汉的水系基本架构,将全市水网分为相对独立的四大片:黄陂新洲片、汉口东西湖片、汉阳片和武昌江夏片。如,汉阳片后官湖、高湖、知音湖、索子长河等形成后官湖水系;武昌江夏片有东湖、严东湖、严西湖等10余个湖泊形成的大东湖水系,以及梁子湖、汤逊湖等形成的梁子湖等大的湖群水系。

2. 生态资源要素分布较为均衡,各方向均有大中型湖泊水系或山系分布

武汉市生态资源分布总体呈现均质化的特点,尤其在都市发展区各方向上,以"湖群、山系"为载体的生态资源要素空间分布基本均衡。如北部有滠水、府河水系等,东北部有武湖水系等,东部有东湖水系、倒水河、涨渡湖水系等,东南部有汤逊湖水系等,南部有青菱湖水系等,西部有后官湖水系等。都市发展区范围内山体主要分布在主城区龟山、蛇山等东西山系以及南部江夏地区、东部九峰地区等。

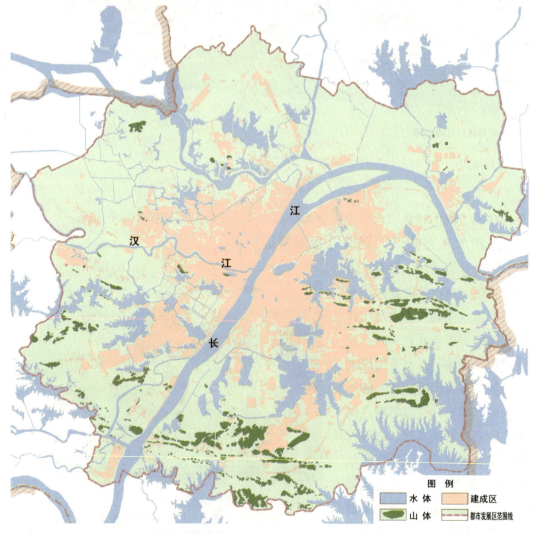

图6-17 武汉都市发展区山水资源分布示意图

从都市发展区整体山水资源分布情况来看，主城区外围各个方向上均有大中型湖群或山系分布，呈现均衡分布的特征（图6-17）。如何依据外围生态要素自身特色进行差异化定位与合理的功能布局，如何使其与城市开发建设相协调，从而达到更好的生态综合功能，是资源开发利用过程中的一大挑战。

3. 水系环境生态敏感性强，生态相对脆弱

由于构成武汉水域主体的"湖泊"大多较浅，调蓄水深一般在0.5～1.0m，加之一系列中型湖泊岸线形态逶迤，湾岬众多，临水区域普遍生态敏感性强。

历史上为了抵御洪水的肆虐而修建的堤防，以及为适应生产、生活的需要而建设的渠道、涵闸等，分隔了江河湖体的自然联系，改变了江湖水系自然连通的状况，各湖泊水体的交换变得困难，自然恢复能力下降，从而使其生态环境更日趋脆弱。

4. 城市基本生态框架仍存，亟待有效的保护与合理的利用

近十余年间，武汉以山水园林城市建设为重点，不断加大城市生态环境建设力度，主城区范围内形成了以"两江四岸"地区、东湖风景区、月湖风景区为核心的大型开放生态空间（图6-18～图6-20）。

从都市发展区整体生态格局来看，主城外围地区山水资源分布总量仍具有相当的规模，保留着较好的山水生态基质，城市生态开敞空间的整体格局依然存在。都市发展区新城组群地

图6-18　武汉月湖

图6-19　武汉东湖风景名胜区听涛景区

图6-20　武汉东湖风景名胜区磨山景区

区现状生态用地已经形成风景名胜区、森林公园、自然保护区、郊野公园与动植物园、生态农业园等多种功能类型。市域范围现有东湖、木兰山等8个风景名胜区；森林公园24个，其中国家级3个、省级及市级21个；自然保护区14个，其中国家级2个、省级5个。丰富的历史文化积淀辅以独具特色的自然资源，可为城市生态文化建设和相关新兴产业（如旅游业、休闲度假、文化产业）的发展奠定坚实的资源基础（图6-21）。

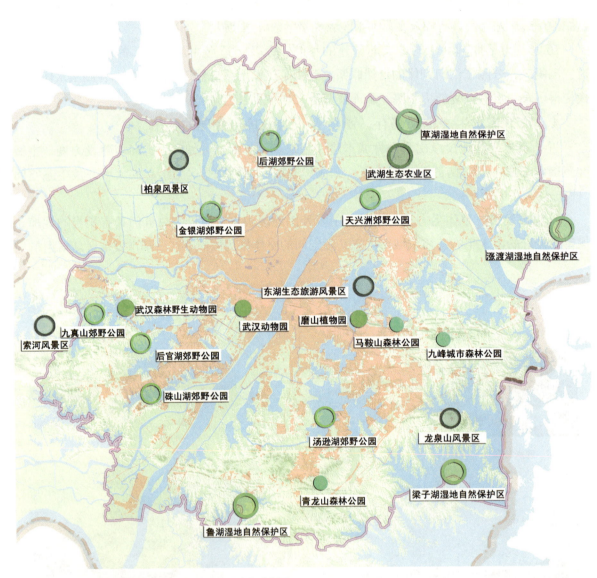

图6-21 武汉都市发展区现状生态用地使用功能分析图

第三节　武汉市空间形态演变

城市各类生态空间与各类城镇建设空间互为图底，两者在空间形态结构上是密不可分的，研究武汉城市空间形态的演变过程和发展规律，是构建武汉生态空间体系的重要基础。

建国60年来，武汉城市空间演变主要遵循着由点状发展、轴线推进、轴间填充、圈层蔓延的路径向外扩张和发展的规律（图6-22）。

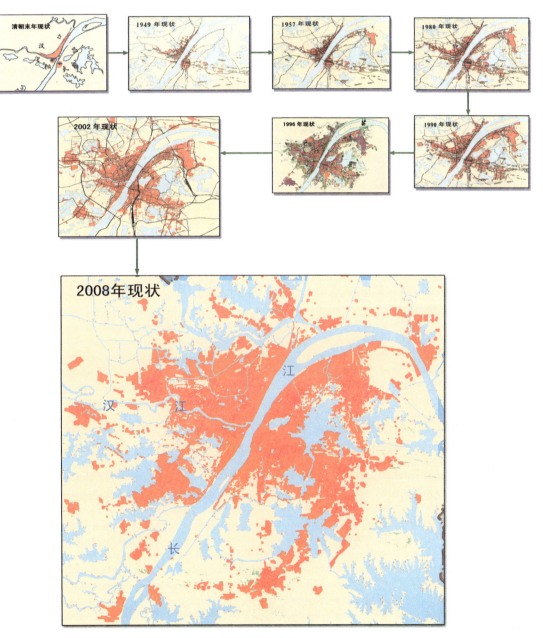

图6-22　武汉城市建设区空间形态历史演变示意图

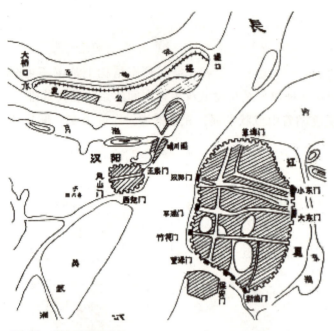

图6-23 明末时期的武汉
资料来源：武汉市城市建设志.武汉：武汉大学出版社，1996。

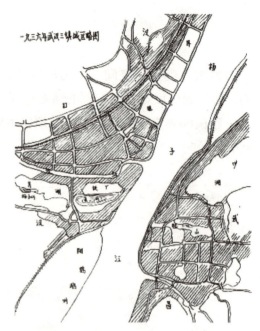

图6-24 20世纪30年代的武汉
资料来源：武汉市城市建设志.武汉：武汉大学出版社，1996。

  武汉地区出现最早的城址是汉口北部的商代盘龙城，距今已有3500多年历史。东汉末年在汉阳龟山地区出现了郤月城，三国时期（公元224年）孙权在蛇山地区建设了夏口城。这一时期社会生产力水平较低，城镇以政治、军事功能为主，四周以城墙相围合，城市规模较小，形态呈点状。明成化年间（1465~1487年）汉水改道，汉口地区形成，至此，武汉"两江三镇"的城镇格局基本形成（图6-23）。

一、沿江发展阶段

  明末清初以后，汉口逐渐发展成中国四大名镇之一，水路交通和口岸贸易日益繁盛，由此带动城市沿长江、汉江轴向逐步推进建设。这一时期城市空间演变的动力由航运贸易的兴起带动，城镇空间呈沿江拓展的态势。1861年以后汉口开埠，武汉成为国际商埠，在长江沿岸地区先后设立了五个外国租界，并进驻了众多外国银行、贸易公司和航运公司，进一步推动了城市沿江拓展的态势（图6-24）。

二、轴向拓展阶段

  新中国成立以后，工业的持续发展和城市道路的修建引导城市轴向拓展。"一五"计划时期，在远离旧城区的地区，跳跃式布局了青山、中北路、石牌岭等多个工业区，特别是以武

图6-25 建国初期的跳跃式发展

图6-26 20世纪50年代末至70年代末的轴状发展

钢及其配套的居住生活区为基础的青山工业区规模最大，形成了除武昌、汉口、汉阳之外的第四个空间增长核心。同时，长江大桥建成通车将武汉三镇联系起来，城区内建设了解放大道、和平大道、中北路、珞瑜路、汉阳大道、鹦鹉大道等多条城市主干道，将各组团与主城联系起来，形成了三镇一体化的基本格局。20世纪60~70年代，武汉一方面继续以旧城为核心沿城市主干道向外轴状延伸，另一方面以各工业组团为核心逐渐生长，两者渐渐联结成片。其中，汉口地区在解放大道沿线向两侧填充扩张并向两端轴向延伸，总体上形成从解放大道到长江、汉江之间狭长的沿江轴状空间形态；汉阳主要是沿鹦鹉大道向南、沿汉阳大道向西，呈现出"L"形的沿江轴状形态；武昌地区则向东沿武珞路-珞瑜路大幅度推进发展，向南沿武咸、武金公路发展，向北沿和平大道形成余家头工业区，总体上形成"E"型轴状发展态势（图6-25、图6-26）。

三、填充蔓延阶段

20世纪80~90年代中期，随着改革开放后第三产业的迅速发展，武汉城市内部形成多处商业中心和大型居住组团，一批大型交通、市政基础设施相继投入使用，为城市内部的大规模建设提供了动力，武汉三镇各自的发展轴线逐步被填充饱满（图6-27）。

这一时期，城市空间主要呈现蔓延拓展态势。20世纪90年代中期以来，市场经济为城市建设提供了前所未有的发展动力。武汉一方面紧贴主城圈层式发展，另一方面城郊结合地区发展速度加快，城市沿主要交通线多方向扩张，蔓延发展趋势明显，武汉经济技术开发区、东湖新技术开发区和吴家山台商投资产业园等一系列重点开发区的建设，进一步推动了城镇建设的外拓。1996版城市总体规划实施以来，武汉实施了"退二进三"的策略，其中内环线以内以商业金融、行政办公和居住为主，城市二环线周边以居住、文教、商业以及少量工业的混合用地为主，城市三环线周边以工业用地为主。同时，各远城区的发展也进入快车道，利用市场资金

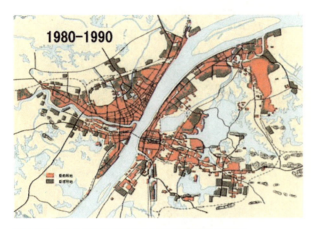

图6-27 20世纪80年代至90年代的轴间填充建设

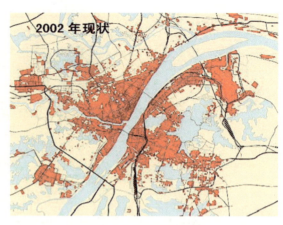

图6-28 1996年以来城市向外蔓延发展

加快了经济和城市建设的步伐，纷纷采取优惠政策，吸引主城外迁工业和外来转移工业，在紧邻主城周边的金银湖、宋家岗、阳逻、汤逊湖、黄家湖、后官湖、姚家山、走马岭等地区形成开发建设的热点。城市建成区发展呈现出沿路、围湖、向多方向蔓延开来的态势，现状土地使用粗放、以资源换发展（图6-28）。

第四节 武汉市生态空间体系的问题剖析

快速的城镇化进程中，武汉城市建设的步伐不断加快，人地矛盾日渐突出，山水等生态要素的保护面临来自各类建设活动的威胁。城镇建设用地不断向城郊结合地区蔓延，自然生态功能的平衡能力遭受影响。

一、生态要素保护压力增大

1．江河湖泊等水资源要素的保护情况不容乐观

受到城镇化和农业产业化的影响，以及环境保护意识和环保工程滞后等方面的原因，武汉市近些年水质下降较为严重，总体水质情况不容乐观。水质污染体现出湖泊污染重于河流污染、主城区水体污染远高于外围地区水体污染的特征。2008年武汉市环境状况公报显示，全市11条主要河流中，仅沙河水质符合Ⅱ类标准；长江武汉段、汉江武汉段、滠水、倒水、举水、金水河、青山港等7条河流水质符合Ⅲ类标准；水质符合Ⅳ类、Ⅴ类标准的河流各1条；仅府河水质为劣Ⅴ类。全市70个主要湖泊中，水质符合Ⅱ类标准的有4个，水质符合Ⅲ类标准的有8个，符合Ⅳ类标准的有17个，符合Ⅴ类标准的有12个，其他29个湖泊水质均为劣Ⅴ类（图6-29）。此外，武汉9座大中型水库水质尚可，均达到Ⅱ、Ⅲ类水质标准。

造成武汉市近些年水质下降的根本原因在于城市污水处理系统建设的严重滞后，排入水

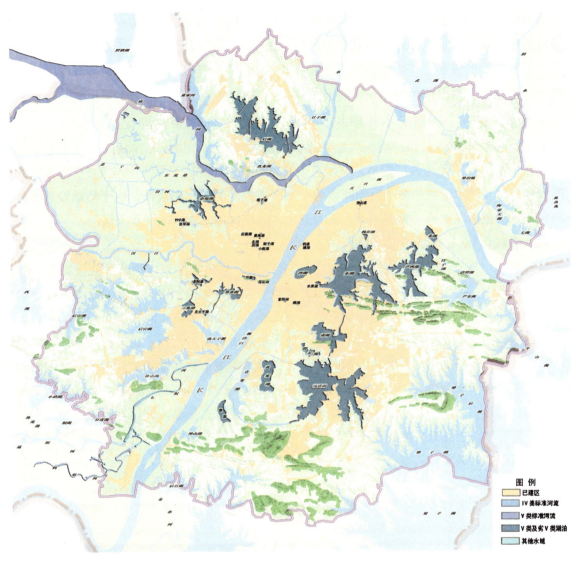

图6-29 武汉都市发展区主要水体水质情况示意图

体的污染物量大大高于水环境容量。一方面污水设施建设滞后，污水处理率较低；另一方面用水较为浪费，污水浓度低，也影响了污水处理效率。同时水体间，尤其是湖泊与湖泊之间、湖泊与江河之间缺乏有效的连通和互动，进一步加剧了营养和污染物的积累。堤防的建设分割了江湖的自然联系，又由于排渍、排涝的要求，各水系与外江之间通过排水泵站和排水闸保持着由内到外的单向联系，从而引起湖泊生态系统结构和生物资源的变化。

2. 山体遭受侵占、破坏的情况仍时有发生

武汉市"三边"（湖边、山边、江边）建筑规划管理规定颁布实施后，主城区内山体保护和山体周边建设得到一定控制，但在城郊结合地区山体被侵占的情况仍较为严重。《武汉市地理信息蓝皮书（2007版）》统计显示，2006年相较于1986年，相同范围内山体减少了

5座,山体占地面积也有所缩减,大部分减少的山体位于城市建设新兴区域,原山体用地都已转换为城市建设用地。如东湖新技术开发区自1988年创建以来,随着开发区规模的逐渐扩大、开发区建设的需要,区内山体占地面积减少了14.5%。洪山区、汉阳区和青山区山体数量虽然没有减少,但山体占地面积仍有所下降。

3. 生态廊道实施情况不甚理想,网络化生态空间体系建设受到影响

主城区内市、区级公园、街头绿地的建设实施力度较大,但规划控制的各类生态廊道的建设往往举步维艰。尤为典型的是,主城区三环线周边原城市总体规划确定的3~5km宽的生态隔离环,以及城市建设的各个组团间作为生态廊道控制的绿化隔离带,由于基础设施条件的便利和临近组团开发建设的吸引,率先成为遭受各类建设用地蚕食的"重灾区"。

4. 主城区城市热岛效应明显

武汉素有"火炉"之称。进入20世纪80年代以来,热岛增温效应加剧了武汉城市的酷热程度。根据华中科技大学余庄教授在2005年武汉城市总体规划专题研究《武汉城市气候改善与宜居环境优化研究》的报告,除消耗大量的石油、煤、电等能源产生的人为热的影响外,热岛最具相关的因素为:建筑密度、人口毛密度、地表植被覆盖度。此外,建筑物的布局、商业网点的分布、城市道路的格局、绿地面积的大小等也是影响城市热环境的重要因子。城市中的公园、绿化带等对降低城市温度有很大的作用。一方面,武汉主城区高密度建设,强化了城市下垫面蓄热程度;另一方面,城市逐步向外蔓延扩展,使城市热岛范围逐渐扩大(图6-30、图6-31)。目前城市热岛效应使武汉市主城区平均气温较远城区高出1.8℃~2℃,夏季主城区局部地区的气温有时甚至比远城区高出5.9℃。

根据武汉市环境保护科学研究院的相关研究,目前,汉口有四个强热岛中心:一是从武胜路到三阳路,基本分布在人口稠密区;二是堤角工业区,从黄浦路沿工农兵路到新村街;三

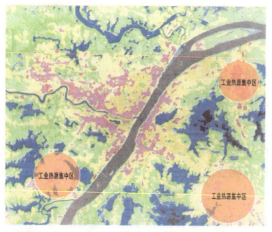

图6-30 武汉市工业热源分布示意图

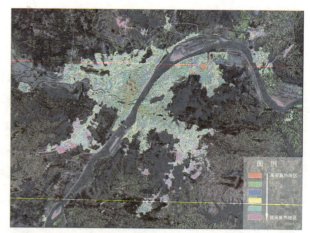

图6-31 武汉市热岛效应示意图

资料来源:余庄,华中科技大学,武汉城市气候改善与宜居环境优化研究,武汉城市总体规划专题研究,2005。

是从新华路到建设大道一带的椭圆形区域；四是易家墩工业区。青山区有武钢厂区与生活区两个热岛中心；而武昌的热岛中心则主要位于武昌老城区。

城市热岛效应的解决，需要控制市区的人口、建筑密度，提高园林绿地率和人均公园绿地面积，建设生态绿心和廊道，采取有效措施吸收、排放、降低和缓解城市集中发展带来的不利环境影响。

5．农村和农业生态环境污染不容忽视，农业生态区生态环境污染亟待控制

武汉市农村面积大、农村人口众多，大面积的农业地区的生态环境质量直接影响到城市整体生态格局和水平。而长期以来，农村地区经济社会发展水平相对较低，农村环境问题未能得到足够的重视，在生态环境保护上的投入尤显不足，农村地区的整体生态环境保护面临极大的挑战。农村地区在大力发展经济的同时，不可避免地出现生态环境的污染和破坏。农业生产活动造成的面源污染，如不合理地使用农药化肥和养殖饲料，对农村土地和湖泊水体保护带来极大压力，而山地林木的砍伐，盲目开垦荒地、坡地等又加剧了水土流失，外围地区生态环境的自然调节能力下降。同时，农村生活垃圾以及乡镇企业污染治理长期得不到足够重视，也造成农村地区的生态环境保护问题日益突出。

二、生态空间利用矛盾突出

1．区级经济发展对生态资源依赖较强，尤以山边水边的保护压力明显

快速的城镇化进程中，远城区区级经济发展成为全市经济增长的重要支撑，由于观念意识、管理手段以及技术条件等多方面的制约，远城区的发展往往呈"环境资源导向"的粗放型增长模式。20世纪90年代以来，城市房地产业空前发展，环境优美的湖泊周边成为房地产

图6-32　武汉主城区周边几个大型湖泊遭遇"围湖"发展
资料来源：根据Google earth绘制

开发的热点区域，如金银湖、汤逊湖、后湖等成为主要的新兴居住聚集区，城郊地区的一系列湖泊呈围合发展之势（图6-32）。

2．生态区的建设难于有效兼顾资源的保护和利用

目前，武汉建成区外围生态区的建设性利用基本停留在开发建设的初级阶段，基本以小规模、各自为政的低层次度假型旅游产品开发为主，由于排污设施的普遍缺乏，该类项目的建设实质上对生态区的环境造成破坏。外围生态区缺乏真正意义上的、符合生态开发理念的生态型旅游项目建设。外围各森林公园、生态保护区也由于建设资金等诸多问题，或处于盲目的开发状态，或基本仅维持现状资源而缺乏必要的生态修复和维育，生物多样性保护渴望得到进一步重视。同时，外围地区的生态资源存在一定程度的管理混乱，产权不明的现象时有发生，如对同一块区域，既宣布为风景名胜区，又宣布为森林公园、郊野公园等。

3．生态环境保护与农民利益之间存在冲突

生态区的环境保护要求往往与农村经济的发展要求存在一定程度的冲突。一方面，农民对能带来直接经济效益的生态资源，如山体、林地等，有不同程度的利用或破坏，远城区开山采石现象普遍，以山生财的现象屡禁不止，山体开挖严重，甚至一些风景名胜区的山林也受到不同程度的破坏，损害了该地区及周边的生态环境品质。另一方面，由于城市空间管治的要求，生态区内，尤其是生态敏感区内的产业发展类型和开发建设活动往往受到较多的制约，该地区的农村经济发展势必受到影响，农民的发展权和利益难以得到保障，环境保护和公平发展之间的矛盾凸显。

三、生态空间管控体系薄弱

1．市区两级规划管理权限不衔接，管理链条存在隐患

从武汉现行管理架构来看，目前武汉市规划管理采取市、区两级分层管理。由于武汉市周边6个远城区为当年"县改区"的产物，各区均保留了部分县级政府的职能，在区域经济投资、政策导向、土地分配、甚至规划审批等方面都具有相当的主动权，包括部分的规划审批权等管理职能，项目审批往往出现各区先斩后奏的情况，远城区难以全面落实市级规划管理部门的要求。市区两级管理机制的不协调，导致空间发展的矛盾愈发突出，不可避免地出现生态空间格局的破坏。

2．条块分割的生态管制体系，缺乏统一的管理机制

生态用地管理权属政出多门，权责不清，使得武汉的空间管制效能较低，不利于都市发展区的生态保护。例如，按政府职能划分，湿地自然保护区权属归林业部门，但实际上保护区内水域却由水务部门管理；面对围湖建设这种行为，违章建筑由城管部门负责管理，湖面又是水务部门管理，其结果是对此实际上并无真正的管理主体，一定程度上影响着破坏湖泊生态环境的行为。

3．现行地方管理法规在管理范围上有所局限

为加强生态环境保护，武汉市各相关部门陆续出台了《武汉市湖泊保护条例》、《武

市森林资源管理办法》、《武汉市保护自然山体湖泊办法》、《武汉市城市绿化条例》、《关于加强中心城区湖边、山边、江边建筑规划管理的若干规定》、《武汉东湖风景名胜区条例》等一系列地方性法规，为保护城市生态环境发挥了积极作用。但这些条例、办法大多从部门管理出发，偏重于某一方面生态要素的保护，而没有从城市生态环境系统的角度来考虑和制定，在对生态空间整体保护上存在一定不足。

第五节　武汉市生态条件综合评估

武汉市生态条件综合评估从三个层面展开，包括生态足迹分析、生态承载力分析与用地适宜性评价。生态足迹与生态承载力分析的方法与结果来源于2008年由武汉大学詹庆明教授的研究团队完成的相关研究成果；用地适宜性评价的方法与结果则源于武汉市城市规划设计研究院在2006年武汉城市总体规划修编中完成的相关专题研究。

一、生态足迹分析

1．生态足迹的计算

武汉市域生态足迹的计算过程分为六个步骤：

（1）消费账户的建立

生物资源账户部分分为农产品、动物产品、林产品、水果和木材等大类，各大类下有一些细分类。其中，农产品细分为粮食、油料、糖类、棉花、蔬菜、果用瓜；动物产品细分为猪肉、牛羊肉、禽肉、蛋类、奶制品、水产品；林产品细分为水果和木材。

能源账户部分的消费项目有：煤炭、精洗煤、焦炭、原油、燃料油、汽油、柴油、煤油，炼厂干气、液化石油气、焦炉煤气，外购热力、电力。

（2）生物资源账户的计算

按照国际通用计算标准，生物资源生产面积折算的具体计算采用联合国粮农组织1993年计算的有关生物资源的世界平均产量资料，将研究区域的各生物资源的消费量转化为提供这类消费需要的生物生产面积，即实际生态足迹的各项组分。计算公式如下：

$A_i = P_i / Y_{average}$

式中：A_i为生产第i项消费项目人均占用的实际生态生产性土地面积；P_i为i种生物资源的总生产量；$Y_{average}$为世界上i种生物资源的平均产量。

（3）能源账户部分的计算

此次研究中采用世界上单位化石燃料生产土地面积的平均发热量为标准，并利用折算系数，将能源消费所消耗的热量折算成一定的化石燃料土地面积。

（4）各项目的总生态足迹

分别计算出生物资源账户和能源账户中具体项目的年人均生态足迹后,再乘以研究区域的总人口,求得各项目的总生态足迹。

(5) 市域人均生态足迹与总生态足迹

生态足迹理论将地球表面的生态生产性土地分为6大类,由于不同类型的生物生产土地的生产力差异很大,为了使计算结果转化为一个可比较的标准,有必要对每种生物生产土地面积进行均衡化,即赋予相应的均衡因子,转化为统一的、可比较的生物生产面积,均衡因子的选取来自世界各国生态足迹的报告。耕地、林地、草场、建筑用地、水域和化石燃料用地的均衡因子取值分别为:2.8、1.1、0.5、2.8、0.2、1.1。将各项目的生态生产性土地的人均(总)占有面积分别乘以对应的均衡因子,将结果加总,即得到市域人均(总)生态足迹值。

(6) 消费调整

生态足迹方法的核心在于评价某一地域单元真实的生存和发展消费对各类生态系统产生的生态压力。上述生态足迹的计算结果实际上是城市运营和社会经济生产过程的总体资源消耗结果,而其中相当一部分资源消耗最终是以产品和服务的方式输出到城市之外,因而这些生态足迹计算结果不能反映城市发展过程中自身消费所产生的真实生态足迹。因此,生态足迹分析须将包含所有生产过程资源消耗的研究结果合理转化成真实消费所产生的生态足迹。

同时,利用现有统计数据构造一个消费调整系数,并使用这一调整系数对基于传统计算方法得到的总生态足迹进行调整,以期反映研究区域居民真实消费所产生的生态足迹。消费调整系数的具体构造如下:

调整系数 = 人均消费水平/人均GDP

由社会生产过程的结果形成的国民收入最终可能有四个主要的分流方向,即城市总体消费支出、储蓄、政府及企业的再生产能力建设和对外投资。这其中除城市总体消费(本研究以人均消费支出近似表达)外,其余三个分流方向都几乎不涉及特定时段需要进行核算的生态资源消耗水平。由于传统城市生态足迹计算结果反映的是城市社会生产过程中的总体生态资源消耗水平,其产出结果可以用GDP清晰表达,因此,可利用城市人均消费水平与人均GDP的比值作为调整系数,将城市生产性生态足迹转换成城市真实消费性生态足迹。

2. 生态足迹分析

根据相关数据,按照生态足迹分析的步骤和方法,假设武汉市人均生物资源消耗量2005年到2007年间变化很小(表6-1),可以忽略,计算得出2007年武汉市生态足迹分析生物资源账户情况、能源账户情况、2007年生态足迹分析结果(包括全市社会生产总体生态足迹和经过消费调整系数调整后的真实城市消费生态足迹)(表6-2~表6-4)。

根据以上分析数据表明,2007年武汉市域总生态足迹为8169524hm^2,人均生态足迹为0.9864hm^2/人,其中,林地消耗量最大(0.5576hm^2),所占比例达56.5%;其次为耕地和水域,所占比例分别为13.0%与12.8%。

2007年武汉市生物资源消费量表   表6-1

项目	2005年消费量（t）	2005年人口数（人）	2005年人均消费量（t/人）	2007年人口数（人）	2007年消费量（t）	2007年人均消费量（t/人）
粮食	1375166	8013612	0.172	8282137	1421246	0.172
油料	190372	8013612	0.024	8282137	196751	0.024
糖类	71600	8013612	0.009	8282137	73999	0.009
棉花	27717	8013612	0.003	8282137	28646	0.003
蔬菜	5762791	8013612	0.719	8282137	5955894	0.719
果用瓜	469012	8013612	0.059	8282137	484728	0.059
猪肉	227417	8013612	0.028	8282137	235037	0.028
牛羊肉	12700	8013612	0.002	8282137	13126	0.002
禽肉	64398	8013612	0.008	8282137	66556	0.008
蛋类	176329	8013612	0.022	8282137	182238	0.022
奶制品	92796	8013612	0.012	8282137	95905	0.012
水产品	394279	8013612	0.049	8282137	407491	0.049
水果	73559	8013612	0.009	8282137	76024	0.009
木材	21747（m^3）	8013612	0.003（m^3/hm^2）	8282137	22476（m^3）	0.003（m^3/hm^2）

数据来源：武汉市统计信息网，http://www.whtj.gov.cn/

2007年武汉市生态足迹计算生物资源账户   表6-2

项目	全球平均产量（kg/hm^2）	2007年消费量（t）	总生态足迹（hm^2）	人均生态足迹（hm^2/人）	生产土地类型
粮食	2744	1421246	517946.75656	0.06254	耕地
油料	1856	196751	106008.13638	0.01280	耕地
糖类	4997	73999	14808.72853	0.00179	耕地
棉花	1000	28646	28645.75815	0.00346	耕地
蔬菜	18000	5955894	330883.00648	0.03995	耕地
果用瓜	18000	484728	26929.33001	0.00325	耕地
猪肉	74	235037	3176181.45383	0.38350	草地
牛羊肉	33	13126	397744.22267	0.04802	草地
禽肉	457	66556	145636.51526	0.01758	草地
蛋类	400	182238	455593.84928	0.05501	草地
奶制品	502	95905	191046.74299	0.02307	草地
水产品	29	407491	14051404.87178	1.69659	水域
水果	3500	76024	21721.10281	0.00262	林地
木材	1.99	22476	11294327.50947	1.36370	林地

数据来源：武汉市统计信息网，http://www.whtj.gov.cn/

2007年武汉市生态足迹计算生物能源账户 表6-3

项目	全球平均能源足迹（GJ/hm²）	折算系数	2007年消费量（折标煤，万t）	总生态足迹（hm²）	人均生态足迹（hm²/人）	生产土地类型
煤炭	55	21	1864	709415	0.08566	化石燃料用地
洗精煤	55	21	706	268579	0.03243	化石燃料用地
焦炭	55	28	423	218779	0.02642	化石燃料用地
原油	93	42	611	275100	0.03322	化石燃料用地
燃料油	71	43	26.5	15939	0.00192	化石燃料用地
汽油	93	21	9	2055	0.00025	化石燃料用地
柴油	93	43	21	9473	0.00114	化石燃料用地
煤油	93	43	0.31	144	0.00002	化石燃料用地
炼厂干气	71	46	30	19389	0.00234	化石燃料用地
液化石油气	71	43	0.63	383	0.00005	化石燃料用地
焦炉煤气	93	18	123	23770	0.00287	化石燃料用地
外购热力	1000	29	108	3191	0.00039	建筑用地
电力	1000	3.6	215	774	0.00009	建筑用地

数据来源：武汉市统计信息网，http://www.whtj.gov.cn/

武汉市2007年生态足迹 表6-4

项目	总生态足迹（hm²）	人均生态足迹（hm²/人）	均衡因子	人均均衡面积（hm²）	消费调整后的均衡面积（hm²/人）
耕地	1025222	0.12	2.8	0.35	0.13
草地	4366203	0.52	0.5	0.26	0.10
林地	11316049	1.37	1.1	1.50	0.56
化石原料用地	1543026	0.19	1.1	0.20	0.078
建筑用地	3965	0.0005	2.8	0.0013	0.0005
水域	14051404	1.70	0.2	0.34	0.13
人均生态足迹		3.9005		2.66	0.987
总生态足迹				22020281	8169524

注：武汉市2007年人均GDP为35500元，居民年消费水平13179元，故消费调整系数为0.371。

二、生态承载力分析

1. 生态承载力的计算

（1）各类生态生产性土地的面积统计

结合ArcGIS的空间统计功能，统计得到武汉市域范围内的耕地、草地、林地、建筑用地和水域五类用地的面积，将其除以现状人口数，求得每种生物生产面积类型的人均物理空间面积。

（2）关于产量因子的取值

由于不同地区的资源禀赋和土地生产力而使计算所得的面积不可比，因此需要将其进行调整，此次研究所采用的方法是用产量因子乘以生物生产力。产量因子是待测地区单位面积生物生产力与全球平均生物生产力的比值。由于地区差异，除二氧化碳吸收用地之外各地区各土地类型的产量因子都会不同，必须根据评价区域的具体情况进行必要的校正，以确保分析结果能够反映评价区域生态系统生物生产能力的真实情况。瓦克纳格尔对中国的6类土地的产出因子的估算结果为：耕地1.66，草地0.19，林地0.91，建筑用地1.66，水域1.0，二氧化碳吸收地0。

（3）生态承载力的计算

根据前面提到的关于生态承载力的计算方法，在确定均衡因子和产量因子之后，利用公式可求得各类生物生产土地的人均（总）生态承载力。但是，在实际的计算中要考虑到12%的生物多样性保护面积，用所计算的人均（总）生态承载力减去12%所得的值即是实际的人均（总）生态承载力。

2. 生态承载力分析

根据相关数据，利用生态承载力分析方法，采用武汉市土地利用现状对武汉市12个区分别进行生态承载力指标核算，以研究武汉市生态承载力的空间分异情况，结果见表6-5。

3. 综合分析

通过以上生态足迹与生态承载力对比分析可知，经过消费调整系数的调整后，武汉市2007年的消费型生态足迹为0.9864hm^2/人，可利用的人均生态承载力为0.26hm^2/人，为可利用生态承载力的3.8倍，生态赤字为人均0.7264hm^2/人。

与国内北京、上海等11个城市比较，武汉市的人均总生态足迹低于北京、南京、广州和大连，高于上海、深圳、珠海、合肥、南昌、郑州和杭州，位居中游水平，就绝对值而言，武汉市与北京、上海、广州、大连、南京等城市比较接近，但显著高于杭州、南昌、郑州等同等类型的省会城市。

在武汉总的生态足迹中，能源消耗的贡献率占到50%以上，因此，有效削减生态足迹构成中能源消耗的比重，增大能源利用效率，使其与生态承载力最终持平，是减小总生态足迹和生态赤字的最有效的途径。

武汉市生态承载力统计表　　　　　　　　　　　　　　表6-5

行政区划	总人口（人）	生态承载力（hm²）	人均生态承载力（hm²/人）	占武汉市比例（%）
新洲区	957014	394802.95	0.41	19.46
黄陂区	1099019	551409.30	0.50	27.18
东西湖区	245721	54366.17	0.22	2.68
江岸区	636463	22526.04	0.04	1.11
江汉区	460112	9009.74	0.02	0.44
硚口区	537199	14548.59	0.03	0.72
汉阳区	482990	27916.21	0.06	1.38
蔡甸区	462646	276933.26	0.60	13.65
洪山区	780622	103228.78	0.13	5.09
青山区	455872	17102.16	0.04	0.84
武昌区	977036	24745.10	0.03	1.22
江夏区	648695	461277.86	0.71	22.74
汉南区	105628	70536.99	0.67	3.48
武汉市域	7849017	2028403.14	0.26	100.00

数据来源：武汉市统计信息网 http://www.whtj.gov.cn/

三、用地适宜性评价

城市用地适宜性评价是对城市用地的自然环境条件进行适应性评定，是对土地的自然环境按照城市规划与建设的需要进行土地使用功能和工程的适宜程度以及城市建设的经济性与可行性的评估，通过分析评价影响城市建设的自然、生态、地质、地貌、土壤等多种作用因素，综合评估用地的适宜程度，为城市未来发展用地选择和合理布局城市建设空间提供科学依据。

城市用地适宜性评价是一项重要的基础性工作，是关系到城市可持续发展的前提条件，合理确定城市建设的可适宜发展用地不仅是生态空间规划的研究基础，而且对城市的整体布局、社会经济发展都具有重要影响。它的研究结果对于合理利用土地、保护城市自然生态环境资源具有重要作用，有利于提高规划决策的客观性、科学性和合理性。

1. 评价指标的选取与评价系统确定

武汉市在用地适宜性评价的工作中，首先确定评价指标的选取原则，构建一套评价的指标体系。

评价指标主要选取对武汉市域范围内用地评价起主导影响作用的因子分别进行分析，并在此基础上，按照综合环境影响的评价方法，运用地理信息系统（GIS）的多因素矢量叠加图

层技术,将各因子评价结果综合,进行数字化校准,得出用地适宜程度总体评价结果。指标的选取原则为:

(1) 可计量原则,即指标的统计形式尽量能够量化计算,以减少主观臆断的误差,得到客观合理的分析结果,并能反映城市用地适宜环境的特征。

(2) 主导性原则,选取能反映用地适宜性的显著地域差异因素,减少多余次要因素的干扰和繁琐无效的计算。

(3) 超前性原则,选取既能满足城市近期发展对用地的要求,又考虑到远期城市发展的用地需求以及对生态环境可能产生影响的因素。

根据用地适宜性评价的一般指标体系,对城市用地这一复合生态经济系统进行综合评价时,评价系统主要指自然系统,它可以细分为地质条件、地形条件、水文条件、气候条件。针对武汉市的具体情况,通过对武汉市地质、地貌、生态等方面条件的分析,确定武汉市用地适宜性评价的主要因子为地基承载力、高程、生态环境、地震灾害、地质灾害、土壤环境及矿产资源等七个方面。

参照有关资料,并根据武汉市的具体情况,设定用地适宜性评价的七个影响因子的等级,大致分为3—5个评价等级。地基承载力影响主要是根据武汉市不同的土壤岩层的地基承载力来评价,划分为4个适宜性等级;高程影响考虑到城市建设工程的地形条件要求及地形地貌情况,将武汉市用地高程分成3个等级来评价;生态环境根据武汉市生态环境影响评价指标分析,分为3种不同的敏感区;地震灾害环境影响以等效剪切波速和覆盖层厚度综合评价建筑场地类别,划分为2个等级来评价;地质灾害环境影响是在综合分析各类地质灾害形成的地质环境条件、地质灾害发育程度和人类经济—工程活动情况等因素的基础上进行,划分为3个不同程度地质灾害易发区;土壤环境中考虑的评价指标有水土流失强度、土壤质量和土壤性状,并划分为3个等级来评价;矿产资源影响则是根据矿业开发与生态环境保护协调发展的原则进行评价的。

为保证综合评价的科学性和准确性,我们又将七个方面的评价因子细分为高程、耕地、林地、湿地、土壤环境、水土流失、矿产资源等17个要素,并分别确定环境影响因素的权重值(表6-6),进行数字化处理,然后运用GIS的空间数据处理功能和模型分析功能进行图纸的

GIS评价各要素权重关系表　　　　表6-6

要素	高程	坡度	地貌	地质环境	耕地	建成区	矿产资源	林地	牧草地	区位	湿地类型	水环境	水土流失	土壤环境	土壤敏感度	园地	分洪区
权重分值	10	10	8	8	2	4	4	5	2.5	4	10	10	4	2	2	2.5	8

量化，将各要素进行叠加分析，完成多要素评价图。

2. 用地适宜性评价

在各单因素环境影响评价的基础上，按照环境影响因子各等级的平均权重关系，再根据经验判读，将七大方面17个要素因子评价的结果进行综合，叠加得出用地适宜性评价的综合分析结果，确定将武汉市域内用地除已建设用地外分为三个等级，分别是适宜建设区、较适宜建设区和不适宜建设区。适宜建设区是指该区的环境资源价值、生态功能效益等相对较低，该区自然环境质量的改变对城市环境质量产生的影响较弱，开发建设成本较低，适宜进行城市建设；较适宜建设区是指该区的环境资源价值、生态功能效益或开发建设成本等一般，该区环境质量的改变将对武汉市的环境质量产生一定影响，应当在不破坏生态环境资源的前提下，进行适量开发建设；不适宜建设区是指该区的环境资源价值、服务功能价值或开发建设成本最高，稍有改变将对武汉市的环境质量产生极大影响，该区不宜进行城市建设（图6-33）。

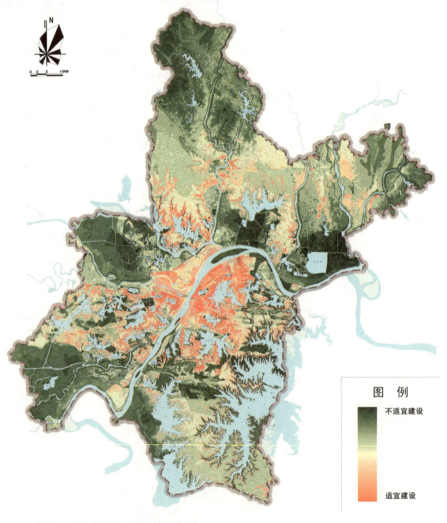

图6-33 武汉市域用地适宜性评价图

第七章 武汉市生态空间体系保护规划的理念与指标体系

在建设"两型"社会的实践探索中,武汉市如何通过覆盖市域的整体性生态空间体系保护规划,凸显城市优势、体现城市特色、探索一条既符合"又好又快"发展要求,又有别于传统模式的节约型、内涵式发展的新型城镇化道路,为实现建设"生态城市"、"低碳城市"的发展目标探寻一种特大城市的生态型发展路径,是本次规划期望回答和解决的重要问题。

第一节 规划理念与目标

一、规划理念与主要任务

1. 构建城市生态安全格局,促进城市可持续发展

作为中国中部地区的特大中心城市,武汉具有承东启西、贯通南北、辐射中部的区域功能,是国家重要的基础产业基地之一。当前,武汉正面临着快速城镇化、工业化和经济结构转型的深刻变革。2008年,武汉城镇化率已达到70%以上,进入城镇化的快速发展期。2007年全市GDP首次突破3000亿元大关,人均GDP超过4700美元,2008年全市GDP接近4000亿元,表明武汉已处于工业化中期发展阶段。再加上国家"中部崛起"战略的实施,城市经济结构转型和沿海地区产业向内陆转移,武汉无疑正面临着巨大的发展机遇(图7-1)。在这关键时期,武汉市获批"两型社会"综合配套改革试验区,2008年9月,武汉城

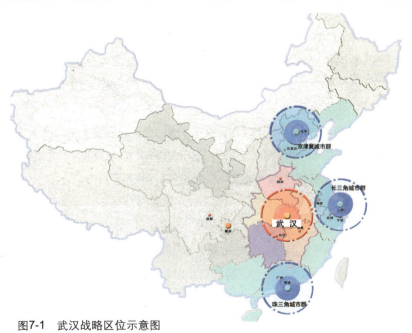

图7-1 武汉战略区位示意图

市圈两型社会建设总体方案获国务院批复,"改革"与"试验"成为未来武汉发展的关键词,无疑将武汉置于了经济发展与资源节约、环境友好并重,实现可持续发展的改革创新前沿,而新一轮科学发展观的贯彻与落实,武汉更是站在了全力推行科学发展观的前沿,城乡规划有了前所未有的好时机。

落实科学发展观,要求城乡规划必须始终贯彻"可持续发展"理念,尤其在城市生态空间规划方面,更应强调健康的经济发展应建立在生态可持续发展的基础之上。生态可持续是城市可持续发展的基础条件,城乡经济的发展不能以牺牲环境为代价,而必须以优化结构、提高效益、降低消耗和保护环境为基础。武汉市在拉开城市骨架的新一轮城市发展的关键时期,及时启动生态空间体系规划的专项研究,是保护各类城市生态要素,构筑城市生态安全格局,促进城市可持续发展的重要举措。

作为一个典型的滨江滨湖特色城市和"两型社会"示范区的中心城市,武汉市在生态要素的保护上具有重要的生态及社会意义,应以"山、水、林、田"等各类基础性生态要素的保护为核心,通过生态要素资源的整合、保护与合理利用,建立以水资源保护为核心的城市生态空间体系,彰显城市滨水特色,维护城市生态安全,实现人与自然的协调,形成人地和谐、环境优越的城市生态格局,以促进资源的永续利用和环境的切实保护,并构筑一个可持续的城市整体空间发展框架,在此前提下,以期实现经济与社会的可持续发展。

2. 以低碳城市建设为目标,促进城市轴向集约拓展

低碳城市的建设关注和重视在经济发展过程中的代价最小化以及人与自然的和谐相处,在"两型"社会建设的大背景下,以"低碳城市"建设为目标的城乡规划既要以空间资源为主体,也应高度关注对生态环境等社会资源的保护与利用。

从当前武汉城市发展的实际来看,区级经济的发展对土地空间资源的需求巨大,城镇空间的迅速扩张突破了原有城市规划的边界,在无通盘规划导引下的城乡结合部已显现出无序蔓延的态势。如此大规模的建设发展亟待城乡规划构建强有力的城镇空间拓展秩序,并对生态空间资源、环境质量保护与合理利用等难题作出应答。

武汉市在本次生态空间体系保护规划的编制中,采用"图"、"底"同步的工作模式,在关注城镇发展空间的同时,以生态用地的保护来反向控制城镇空间的无序蔓延,以"TOD"模式构建高效低耗的城市快速交通网络,引导城镇空间轴向、集约拓展,实现"轴楔相间"的生态型、集约化发展理念。

为反映低水平蔓延状况可能对城市生态环境以及可持续发展造成的损害,中国城市规划设计研究院在《武汉市生态框架控制规划方案》研究报告中,采用元胞自动机(Cellular automata,简称CA)对武汉市2020年城市空间形态的动态演变进行模拟分析。由于城市系统的自组织特征,CA模型用简单的局部空间相邻关系作为模型的转换规则,模拟城市空间的动态增长,被广泛地应用在城市空间结构与形态的预测研究中。该报告从1996~2002年的武汉城市发展中获取模型参数,以现状路网按照目前的发展趋势,

第七章 武汉市生态空间体系保护规划的理念与指标体系

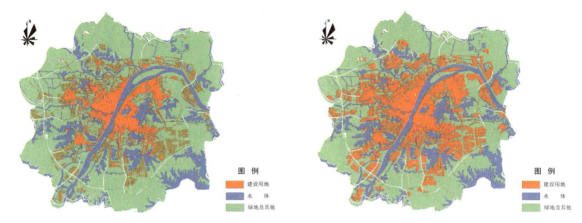

图7-2 CA模型对武汉都市发展区2010年城市空间形态模拟图　图7-3 CA模型对武汉都市发展区2020年城市空间形态模拟图
资料来源：中国城市规划设计研究院深圳分院.武汉市生态框架控制规划方案，2007.

并采用规划路网和轨道系统，将生态保护用地作为约束条件，研究了交通路网引导和生态保护条件下武汉都市发展区2010年和2020年的城市空间形态变化。模拟结果显示，到2020年武汉都市发展区内建设用地规模将达到1260余平方公里，约占都市发展区总面积的38.7%，超出武汉城市总体规划确定的城镇建设用地规模量达数百平方公里，且超出的建设用地绝大部分是侵占生态用地而来（图7-2、图7-3）。根据中规院研究的这一结果，如不在现阶段加强对城市生态空间体系的保护，城市空间形态将会进一步扩散蔓延。因此，以生态空间体系的构建和保护反向控制城市建设用地的蔓延式扩张，是武汉市生态空间体系保护规划的重要理念。

当前，新城组群地区是武汉远城区区级经济的重点拓展区，更是武汉市山水资源最为集中、当前经济发展与生态保护矛盾最为尖锐的城乡交织区。在"轴向拓展，轴楔相间"的城镇空间发展模式引导下，新城组群地区亟待采取"TOD"等交通、基础设施优先的集约型模式，充分利用主城区充沛的高快速网线优势，增设区域性主干道和轨道交通网络系统，在每个发展轴上构建"双快一轨"或"多快多轨"的复合型交通走廊，将城镇空间的拓展区集中到主城之外六个轴向上的六个新型的新城组团集群，充分发挥基础设施、公共服务设施的集约效应。与此相对应的是，规划应进一步整合既有生态要素资源，依托两江交汇、湖群密布的自然生态格局，强化城市总体规划确定的生态绿楔、环、轴的保护，反向控制城市空间拓展，引导城镇发展向轴向空间聚集，促进城镇发展由资源导向型的外延式粗放型开发向集约化生态型发展模式转变，有序统筹城郊结合地区的城镇空间秩序，在保证引导城镇空间集约有序拓展的同时，实现对城郊结合部生态环境资源的综合保护利用（图7-4）。

3. 实现生态控制用地的功能化，促进生态框架体系的空间落实

城市生态空间体系的构建，一方面在于框架结构体系的空间确立，契合"山、水、林、田"等各类生态资源禀赋特色以及城镇空间形态选择最适合的生态空间体系模式，以生态

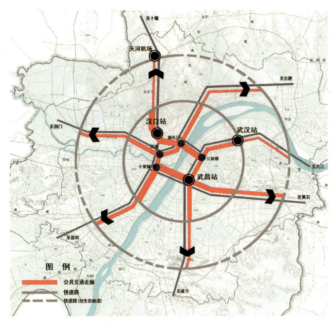

图7-4 TOD模式引导下的武汉交通走廊结构示意图

"环、轴、楔"的空间形式划出城市"非建区"。另一方面,由于该类非建区,特别是位于城郊结合地区的非建区,往往成为各类开发建设的首选之地,单纯以"非建"或者生态保护用地的形式出现在规划管理的平台中,常常面临足够多的"突破"理由而难以确保生态控制用地的空间落实。并且,对于生态控制用地仅仅以规划的"绿地"来予以保护,在实际操作中也并非最有效的生态建设途径。从这类绿地的现状情况来看,任其"自生自灭"的消极保护也往往难以取得生态效益的真正发挥。所以,在这类最容易遭到蚕食的,最容易被各种利益突破的区域,我们期望在规划中赋予它们切实的用地功能。结合生态控制用地的分类研究与土地利用规划确定的非建区的用地功能,重点对都市发展区范围内涉及用地规模较大的生态绿楔区域进行生态功能的分区细化,实现从结构性规划到功能性用地的空间落实,对都市发展区范围实现生态功能区的全覆盖,借以推进生态空间体系的用地落实。

4. 制定生态空间管控策略,促进规划实施的有效性

传统城市规划往往偏重技术性的物质空间统筹,而在空间管制策略和政策导引上常显苍白,进而在确保城市骨架性生态空间的管控力度上常显不足,尤其在缺乏部门间协调的前提下,诸如生态空间保护这类"不利于"招商引资,"阻碍"城市经济发展的规划在具体实施操作上,其有效性往往极易受到影响。同时,规划实施的保障政策常常也较为欠缺,相配套的决策机制和管理政策等推进力度不够,在一定程度上也影响着规划实施的成效。武汉市也出台过若干地方性管理规划,但是从更大的空间尺度制定一个具有普适性意义的管控政策,严格控制规划确定的"非建区"的建设行为,强化各类生态保护用地的管控力度,强化公共安全与公共利益的保障,是本次规划期待实现的一个重要突破。

因此,武汉市在生态空间保护规划的编制工作中,特别强调制定合理的生态空间体系管理制度,并提出将其上升到地方法规层面,实现生态保护与管理有法可依,形成生态空间体系保护的重要手段。深圳市作为改革开放的先锋城市,已经开始尝试城市规划向公共政策方向转型,重点研究在城市转型过程中的规划政策和实施保障政策,加强对各级政府和各部门的空间政策统筹和指导,值得我们充分学习与借鉴。

二、指导思想与原则

1. 指导思想

坚持以科学发展观和构建和谐社会重要思想为指导，深化完善城市总体规划，全面落实"城乡统筹"和"两型社会"建设的总体要求，协调城市发展与生态环境保护的关系，加强区域生态资源管制，引导城市空间有序拓展，为城市可持续发展构建稳定的生态安全格局，创建适宜居住和适宜创业的城市环境。

2. 规划原则

（1）生态优先原则

自然生态资源是城市里最活跃、最富有生命力的组成部分，改善生态环境，增强环境容量，建设楔形绿地与生态廊道，可以有效地调节城市气候、降低城市"热岛效应"，促进城市生态系统平衡。因此，规划中应坚持把保护自然生态放在首位，保护原有景观特征和地方特色，保护自然生境和物种，维护城市的生态安全，促进人与自然相和谐。

（2）区域整体性原则

生态空间体系的建设十分强调宏观的整体性，谋求经济效益、社会效益与环境效益的协调统一和同步发展。同时，生态空间体系的建设也应突出区域性，因为生态问题的发生、发展都离不开一定的区域。因此，规划要具有全盘统筹考虑的战略眼光，确保城市内、外及城乡之间的信息流、物质流与能量流的循环畅通，保证生态空间的系统性、连续性和整体性，促进生态稳定，追求最佳效益。

（3）协调性原则

生态空间体系保护规划应与其他专业规划、专项规划相结合，多方征求相关部门意见，综合考虑，统筹安排。

（4）景观异质性原则

不同的区域范围内生态系统具有多样性和地域分异性，其景观也呈现多元化、层次性特征。因此，规划中需要强化景观尺度上的空间异质性，塑造合理的景观结构及能量流顺畅的城市景观，实现城市景观的多样化。

（5）近远期相结合的原则

规划应分析研究城市远景发展的规模和市民户外游憩活动、生活环境质量的有关要求，确定合理的发展目标，分期实施，有序建设。综合考虑现实发展的需求，兼顾近期发展的可能性，明确近期启动建设的区域和重大项目安排，协调控制好生态建设用地与城镇发展用地之间的关系，权衡综合效应，注重可选择性与可实施性，使规划具有可操作性。

三、规划目标

通过合理布局，完善体系，构建一个山水资源等生态要素保护全面，生态保育、生态恢复和生态建设并重的，空间体系完整、功能分区明确、景观特色显著、管制策略清晰的，覆盖武汉全域的生态网络体系，借以有效提升武汉市人居环境品质，促进城市集约、节约与可持续发展，为建设生态城市奠定基础。

第二节　武汉市生态城市建设指标体系研究

一、生态城市的概念

1. 生态城市的定义

生态城市是指以生态系统思想的整体性理念为指导建立起来的一种理想城市发展模式，它通过综合协调人类经济社会与环境间的相互关系，达到经济持续稳定发展、资源能源高效利用、生态环境良性循环、社会文明高度发达的城市发展目标。

生态城市中的"生态"体现了广义的生态观，已不再是单纯生物学的含义，而是综合的、整体的概念，蕴涵社会、经济、自然的复合内容，涉及生态产业、生态环境、生态文化等方方面面的内容。

在本质上，生态城市就是可持续发展的平台与载体，标志着由传统的唯经济增长模式向经济、社会、生态有机融合的复合发展模式的转变，体现了发展理念中传统的人本主义向理性的人本主义的转变，反映出在认识与处理人与自然、人与人关系上的突破，使区域发展不仅仅追求物质形态的发展，更追求文化与精神上的进步。

2. 生态城市的内涵

首先，生态城市是全面发展的发展模式。生态城市建设是一项系统性的建设工程，需要用生态理念指导经济社会发展的各个方面，实现社会生态化、经济生态化和环境生态化。生态城市建设不再仅仅是单纯的环境保护和自然生态建设，而涉及区域发展建设的各个领域，涵盖了环境污染防治、生态保护与建设、生态产业发展、人居环境建设、生态文化等方面。

其次，生态城市是高度发达的发展模式。生态城市建设是一项高标准的建设工程，需要实现社会、经济和生态环境的高度发达，发展的各个方面都能体现当今人类社会发展的最高水平，不仅经济社会发展水平需要向发达城市看齐，生态环境质量也要向发达城市看齐。

第三，生态城市是持续改进的发展模式。生态城市建设是一项长期性的建设工程，生态理念需要始终贯穿于城市经济社会发展的各个阶段。生态城市是理想状态的发展模式和发展目标，随着社会进步和科技发展，人类对生态城市的认识将不断提高，生态城市的建设目标也将随着时间的推移不断完善提高，只有通过持续不断的改进和努力，才能实现更高水平的生态城市要求。

3. 生态城市的主要标志

生态城市的主要标志有：生态环境良好并不断趋向于更高水平的平衡，环境污染基本消除，自然资源得到有效保护和合理利用；稳定可靠的生态安全保障体系基本形成；环境保护法律、法规、制度得到有效的贯彻执行；以循环经济为特色的经济社会加速发展；人与自然和谐共处，生态文化长足发展；城市环境整洁优美，人民生活水平全面提高。

4. 生态城市与两型社会的关系

生态城市是目标，是城市建设、经济社会发展和生态保护的目标；资源节约型和环境友好型社会是内涵，体现了生态城市内在的、本质的要求，即经济高效、社会和谐和生态良性循环；循环经济则是建设生态城市、构建资源节约型和环境友好型社会的重要手段，三者是相辅相成的。

二、生态城市指标体系分析

国家环保总局在《生态县、生态市、生态省建设指标（修订稿）》（环发〔2007〕195号）中提出生态市建设标准包括经济发展、环境保护和社会进步等3个方面、19项基本指标（表7-1），涉及到生态环境、生活环境与基础设施建设等各个方面，从不同侧面反映了生态城市人与自然、生态环境治理、生活环境改善的衡量标准，也是进行生态城市建设的目标与价值取向。

国家生态园林城市基本要求则包括城市生态环境指标、生活环境指标和基础设施指标等19项，其考核标准是已获得"国家园林城市"称号满3年以上，三年内无重大环境污染和生态破坏事件、无重大破坏绿化成果行为、无重大基础设施事故，按照《国家生态园林城市标准》组织自检并实施满2年以上的城市。国家环境保护模范城市考核指标涉及社会经济、环境质量、环境建设与环境管理等25项，城市环境综合整治定量考核连续三年名列全国或者全省前列，环境保护投资指数大于1.5%且通过国家卫生城市考核验收。国家卫生城市则涉及市容环境卫生、环境保护等10项基本条件。从表7-2中的对比可以看出，生态园林城市与国家环保模范城市、国家卫生城市评比的侧重点与内容有所不同，但都是要求城市在环境优化、经济发展、社会进步的同时，追求人与自然的最大化融合。

南京市为了建设环境友好社会，对照全国生态城市建设标准，提出了南京生态城指标体系，共分经济发展指标、环境保护指标、社会进步指标三大类33个小类（表7-3）。2007年12月，国家批准长株潭城市群与武汉城市圈为全国资源节约型和环境友好型社会建设综合配套改革试验区。为加快推进两型社会建设，长株潭城市群提出了经济与资源环境综合协调发展的指标体系，主要包括经济发展、资源环境保护、社会进步三个方面共21项指标，突出强调经济发展与资源环境、社会进步的协调（表7-4）。

国家生态市建设指标表　　　　表7-1

	序号	名称	单位	指标	说明
经济发展	1	农民年人均纯收入	元/人	—	约束性指标
		经济发达地区		≥8000	
		经济欠发达地区		≥6000	
	2	第三产业占GDP比例	%	≥40	参考性指标
	3	单位GDP能耗	吨标煤/万元	≤0.9	约束性指标
	4	单位工业增加值新鲜水耗	m³/万元	≤20	约束性指标
		农业灌溉水有效利用系数		≥0.55	
	5	应当实施强制性清洁生产企业通过验收的比例	%	100	约束性指标
生态环境保护	6	森林覆盖率	%	—	约束性指标
		山区		≥70	
		丘陵区		≥40	
		平原地区		≥15	
		高寒区或草原区林草覆盖率		≥85	
	7	受保护地区占国土面积比例	%	≥17	约束性指标
	8	空气环境质量	—	达到功能区标准	约束性指标
	9	水环境质量	—	达到功能区标准，且城市无劣V类水体	约束性指标
		近岸海域水环境质量			
	10	主要污染物排放强度	千克/万元 (GDP)	<4.0	约束性指标
		化学需氧量（COD）		<5.0	
		二氧化硫（SO₂）		不超过国家总量控制指标	
	11	集中式饮用水源水质达标率	%	100	约束性指标
	12	城市污水集中处理率	%	≥85	约束性指标
		工业用水重复率		≥80	
	13	噪声环境质量	—	达到功能区标准	约束性指标
	14	城镇生活垃圾无害化处理率	%	≥90	约束性指标
		工业固体废物处置利用率		≥90 且无危险废物排放	
	15	城镇人均公共绿地面积	m²/人	≥11	约束性指标
	16	环境保护投资占GDP的比重	%	≥3.5	约束性指标
社会进步	17	城市化水平	%	≥55	参考性指标
	18	采暖地区集中供热普及率	%	≥65	参考性指标
	19	公众对环境的满意率	%	>90	参考性指标

资料来源：http://222.cciced.org/.

国家生态园林城市标准与环保模范城市、卫生城市基本指标对比表　　　　表7-2

目标层	序号	指标	生态园林城市	环保模范城市	国家卫生城市
城市生态环境指标	1	综合物种指数	≥0.5	—	—
	2	本地植物指数	≥0.7	—	—
	3	建成区道路广场用地中透水面积的比重（%）	≥50		
	4	城市热岛效应程度（℃）	≤2.5		
	5	建成区绿化覆盖率（%）	≥45	>35	≥36
	6	建成区人均公共绿地（m²）	≥12		≥7.5
	7	建成区绿地率（%）	≥38		≥31
城市生活环境指标	8	空气污染指数小于等于100的天数/年	≥300	>全年天数的80%	>全年天数70%
	9	城市水环境功能区水质达标率（%）	100	100，且市区内无劣五类水体	—
		集中式饮用水源地水质达标率（%）	—	>96	—
	10	城市管网水质年综合合格率（%）	100	≥96	
	11	环境噪声达标区覆盖率（%）	≥95	区域环境噪声平均值<60分贝，交通干线噪声平均值<70分贝	
	12	公众对城市生态环境的满意度（%）	≥85	居民对城市环境的满意率>80	居民对卫生的满意率≥90
城市基础设施指标	13	城市基础设施系统完好率（%）	≥85	—	—
	14	自来水普及率（%）	100，实现24小时供水		
	15	城市污水处理率（%）	≥70	>60	≥50
		工业废水排放达标率（%）	—	>95	
		危险废弃物处置利用率（%）		100	
	16	再生水利用率（%）	≥30	缺水城市污水再生利用率>20%	
	17	生活垃圾无害化处理率（%）	≥90	>80	≥80
	18	万人拥有病床数（张/万人）	≥90	—	—
	19	主次干道平均车速（km/h）	40		

资料来源：http://222.cciced.org/.

南京市生态城建设指标体系一览表   表7-3

因素层	序号	指标层	单位	2004年指标
经济发展指标	1	年人均国内生产总值	元/人	33050
	2	年人均财政收入	元/人	6984.53
	3	农民年人均纯收入	元/人	5533
	4	城镇居民年人均可支配收入	元/人	11601.7
	5	第三产业占GDP的比例	%	43.7
	6	单位GDP能耗	吨标煤/万元	1.19
	7	单位GDP水耗	立方米/万元	113.1
	8	应当实施清洁生产企业的比例	%	10.3
	9	规模化企业通过ISO-14000认证比例	%	8.8
环境保护指标	10	森林覆盖率（平原）	%	19.5
	11	受保护土地占国土面积比例	%	9.04
	12	退化土地恢复率	%	9.8
	13	城市空气质量（南方地区）	好于或等于2级标准的天数/年	292
	14	城市水功能区水质达标率	%	22.20%
	15	主要污染物排放强度	千克/万元GDP	7.66
	16	二氧化硫COD		7.49
	17	集中式饮用水源水质达标率	%	100
	18	城镇生活污水集中处理率	%	40.7
	19	工业用水重复率	%	71
	20	噪声达标区覆盖率	%	71.6
	21	城镇生活垃圾无害化处理率	%	83.5
	22	工业固体废弃物处置利用率	%	87
	23	城镇人均公共绿地面积	m²/人	11
	24	旅游区环境达标率	%	80
社会进步指标	25	城市生命线系统完好率	%	±80
	26	城市化水平		75.3
	27	城市气化率		89.4
	28	城市集中供热率	%	>50
	29	恩格尔系数	%	41.9
	30	基尼系数		0.35
	31	高等教育入学率	%	±50
	32	环境保护宣传教育率		95
	33	公众对环境的满意率	%	85

资料来源：数据来源于《南京统计年鉴2004》。

长株潭城市群"两型社会"建设指标体系一览表　　　　　　　　　　　　表7-4

因素层	序号	指标层	单位	标准值	实际值		
					长沙	株洲	湘潭
经济发展	1	人均GDP	元/人	33000	23968	14497	13604
	2	年人均财政收入	元/人	5000	3952	2106	2423
	3	农民年人均纯收入	元/人	11000	4908	3958	4068
	4	城镇居民年人均可支配收入	元/人	24000	12343	11230	9685
	5	第三产业占GDP比重	%	45	49.5	36.2	41.5
	6	高新技术产业产值占GDP比重	%	40	11.7	11	11.9
	7	单位GDP能耗	吨标煤/万元	0.5	1.03	1.62	2.14
	8	单位GDP水耗	立方米/万元	150	290	448	481
资源环境保护	9	SO_2日平均值	毫克/立方米	0.02	0.08	0.087	0.06
	10	万元工业产值废水排放量	吨/万元	100	4.2	25.17	29
	11	万元工业产值废气排放量	立方米/万元	20000	2367	7948	25061
	12	万元工业产值固体废物排放量	吨/万元	1	0.86	0.55	0.84
	13	区域环境噪声平均值	dB(A)	45	57.3	56	54
	14	森林覆盖率	%	45	49.98	57.5	36
	15	人均公共绿地面积	平方米/人	20	11.36	8.1	7.97
社会进步	16	人均住房面积	平方米/人	20	21.26	19.8	28
	17	恩格尔系数	%	30	39.37	34.3	36.8
	18	城市化水平	%	50	53.87	42.5	42.5
	19	人口自然增长率	%	4	4.02	4.46	3.26
	20	人均保险费	元	490	461.67	251	277
	21	城镇登记失业率	%	1.2	3.8	3.7	4

资料来源：长株潭城市群发展报告，2008.

三、武汉市生态城市建设参考指标体系构建

生态城市的发展目标是要实现人与自然的和谐，生态园林城市则是生态城市的一个发展阶段，它的发展方向必然是生态城市。结合国家生态市建设标准，并参照国家生态园林城市、环保模范城市、卫生城市指标标准与南京生态城、长株潭城市群等地指标体系，以及国家"十一五"时期经济社会发展的主要指标与建设部《完善城市总体规划指标体系研究（建办规〔2007〕65号）》相关内容，同时综合考虑武汉市2006年各项指标值，我们探索提出武汉市生态城市建设参考指标体系（表7-5）。创建生态城市就是需要根据相关标准调整和改善城市内部各种不合理的生态关系，提高城市生态系统的自我调控能力，实现城市的可持续发展。

武汉市生态城市建设指标参考体系

表7-5

类别	序号	名称	单位	现状值(2006)	建设指标参考
经济发展	1	年人均国内生产总值	元/人	29500	≥33000
	2	年人均财政收入	元/人	6201	≥5000
	3	农民年人均纯收入	元/人	4748	≥8000
	4	城镇居民年人均可支配收入	元/人	12360	≥24000
	5	第三产业占GDP比例	%	49.4	≥45
	6	单位GDP能耗	t标煤/万元	1.48	≤0.9
	7	单位GDP水耗	m³/万元	273.96	≤90
	8	规模化企业通过ISO-14000认证比率	%	—	≥20
环境保护	9	森林覆盖率（平原地区）	%	21.88	≥30
	10	受保护地区占国土面积比例	%	—	≥17
	11	退化土地恢复率	%	—	≥90
	12	城市空气质量（南方地区）	好于或等于2级标准的天数/年	273	≥330
	13	城市水功能区水质达标率	%	—	100，且城市无超IV类水体
	14	主要污染物排放强度	kg/万元 GDP	—	<4.0
	15	二氧化硫、COD	kg/万元 GDP	—	<5.0
	16	集中式饮用水源水质达标率	%	100	100
	17	城镇生活污水集中处理率	%	71.1	≥85
	18	工业用水重复率	%	77	≥80
	19	噪声达标区覆盖率	%	—	≥95
	20	城镇生活垃圾无害化处理率	%	—	100
	21	工业固体废物处置利用率	%	89.4	≥90
	22	城镇人均公共绿地面积	m²/人	9.32	≥15
	23	旅游区环境达标率	%	—	100
社会进步	24	城市生命线系统完好率	%	—	≥80
	25	城镇化水平	%	63.39	≥80
	26	城市燃气普及率	%	93.07	≥95
	27	采暖地区集中供热普及率	%	—	≥50
	28	恩格尔系数	%	41.6	<40
	29	基尼系数		—	0.3～0.4之间
	30	高等教育入学率	%	31.14	≥40
	31	环境保护宣传教育普及率	%	—	>90
	32	公众对环境的满意率	%	—	>90

资料来源：2006年武汉市各项指标现状数据来源于《武汉统计年鉴2007》。

第三节　武汉市生态用地总量测算

武汉市生态用地总量的测算，是在本次生态空间体系保护规划的前期国际征集中需要重点解答的问题。根据中国城市规划设计研究院提交的研究报告，对武汉市生态用地总量的测算分为市域、都市发展区两个层面展开，研究方法主要包括概算法、碳氧平衡法、建设用地需求法等，对该三种计算结果进行综合比较，从而得出武汉市域、都市发展区的合理生态用地占比。

一、市域生态用地比重测算

根据武汉市2008年土地利用变更调查数据，市域建设用地总面积1363km²（水利设施用地除外），占土地总面积的16%，非建设用地比重约为84%。而香港在1980年后的20年间，建设用地比重仅从17.5%增加到21.1%（土地总面积不包括海洋），而且相当部分依靠填海开发，很少占用生态用地，生态用地现状比重仍然超过79%。在国内最新一批大型城市总体规划中，北京市规划2020年非建设用地比重为88%，深圳市为55%，佛山市为69%；广州城市战略咨询也提出2020年广州人口适宜规模1500万人，全市建设用地1500km²（不包括重大对外交通等基础设施用地），非建设用地规模为5432km²，占全市总面积的73%（表7-6）。

国内外典型城市现状土地资源状况一览表　　表7-6

	香港[1]	东京[2]	新加坡[3]	北京[4]	上海[5]	深圳[6]	广州[7]	大慕尼黑[8]
面积（km²）	1090	2187	682.7	16410.5	6340.5	1952.8	7437	5500
常住人口（万人）	700	1254	360	1539	1360	827.8	949.68	232
非城市建设用地比重	73%以上	49%以上	73%以上	约90%	约87%	64%以上	79.2%	11%
城市建设用地（km²）	约300	约1112	约179	约1200	约819	约703	约803	605
人均建设用地（m²）	43	88	49.8	77.9	60.2	84.9	84.6	260.7

资料来源：1 香港规划师学会，香港规划署2000年香港非建设用地统计资料为79.6%。
2 东京都统计年鉴平成16年。
3 深圳市总体规划修编住房专题。
4 城市面积和人口指标均来自北京统计信息网.北京土地变更调查资料，《国家统计年鉴2006》。
5 城市面积和人口指标均来自《上海统计年鉴2006》，建设用地指标来自《国家统计年鉴2006》。
6 深圳市总体规划修编住房专题。
7 城市面积和人口指标均来自《广东统计年鉴2007》，建设用地来源于2005年广州市土地利用现状变更表统计。
8 德国慕尼黑的城市建设《国外城市规划》，1995.4。

武汉市域生态用地比重采用概算法、碳氧平衡法、建设用地需求法等三种方法进行测算。

1. 概算法

根据国内外案例研究，结合武汉市自然生态资源状况，纳入生态总量用地测算的用地类型应包括林地、耕地、水面、园地、牧草地、荒地以及其他未利用土地等。

武汉市地形属残丘性河湖冲积平原，80%以上面积为岗垄平原和平坦平原地区。根据国家生态市建设标准，平原地区的森林覆盖率至少要达到15%，武汉市域面积为8494km^2，则武汉市的森林面积至少应为1274km^2。

根据武汉市土地利用总体规划，至2020年全市农用地总面积5489km^2，占市域总面积的64.6%；水面总面积2118km^2，占市域总面积的24.9%，其中不可占用的河流、湖泊面积为1136km^2，约占市域总面积的13.4%。

根据武汉市土地利用现状结构，园地占市域总面积的1.6%，牧草地占市域总面积的0.03%。假使武汉市森林、园地、牧草地等全部包括在农用地内，且除不可占用的河流和湖泊外其他用地都能够合理利用，则武汉市的未建设用地应为农用地加上不可占用的河湖面积总和，占市域面积比重为78%（64.6%+13.4%）。而实际上，武汉市森林不可能全部为农用地，土地利用效率也不可能达到上述理想值，因此武汉市域的生态用地比重应该在80%以上。

2. 碳氧平衡法

武汉市的耗氧量主要指燃烧耗氧量，包括煤、石油、天然气等，此外还有人呼吸和排泄物（生化物）等。武汉市2006年GDP为2590亿元，能源消耗量为3545万t标准煤，万元GDP能耗约为1.37t，已达到国家生态市建设标准规定的生态城市单位GDP能耗必须小于等于1.4t标煤/万元的标准。

> **相关资料链接：植被放氧量**
>
> 1970年日本科学家曾做过试验，推算出1hm^{2}阔叶林有75hm^{2}叶面积，每年吸收二氧化碳48t，而放出氧气36t，除去植物呼吸自耗，净吸收二氧化碳16t，放氧12t。
>
> 我国不少植物生理学家、林学家，在20世纪70年代就开始做这方面试验，结果都基本一致，1hm^{2}树林日吸收二氧化碳67~69kg，而放出氧气49~50kg。1hm^{2}阔叶林一个生长期可消耗二氧化碳1t，放氧750kg，比较好的草坪每m^{2}日吸收二氧化碳36g，而放氧气24g，只为树木的1/4~1/8。

根据《武汉市国民经济和社会发展第十一个五年总体规划纲要》，"十一五"期末，全市生产总值4200亿元，年均增长12%以上，万元GDP能耗比"十五"期末降低20%左右。假设武汉市GDP 2010~2020年每年增长7%，而单位GDP能耗每年下降6%，由此计算可知2020年武汉市能耗约为5194万t标准煤。根据武汉城市总体规划，至2020年市域常住人口规模为1180万人，据此计算武汉市的耗氧量如表7-7所示。

根据近年来世界各国科学家研究碳氧平衡理论的结果，1hm^{2}森林年供氧量为12t，照此

2020年武汉市耗氧量计算（万t/年） 表7-7

	燃烧	人呼吸	生化物	总量
消耗量	5194	1180万人	1180万人	
换算耗氧系数	2.13	0.292	0.0146	
耗氧量（万t）	11063.22	344.56	172.28	11580.06
占总量（%）	95.53	2.98	1.49	100

推算，武汉市需要9650km²森林才可满足碳氧平衡，考虑到城市是一个开放的系统，地球上的大气碳氧平衡，60%靠森林，40%靠海洋。除去海洋所产生的氧气外，假设将武汉市视为独立的封闭系统，为了维持武汉市碳氧平衡，理论上武汉市需要5790km²森林才能满足碳氧平衡，占市域总面积的68.2%，加上1136km²的不可占用水域面积，则武汉市生态用地面积约为6906km²，占武汉市域总面积的81.5%。

由于非建设用地类型内部差异的原因，当前武汉市森林用地远不能满足城市碳氧生态平衡。为了满足城市进一步发展及能耗的增加对非建设用地的需求，未来须采用规划通风廊道、劣质林相的改造、湿地生态恢复、采矿地复绿等生态建设方法，同时应该大力加大节能减排以及城市内部绿化工作。

3. 建设用地需求量法

根据武汉城市总体规划，到2020年，市域城镇建设用地面积控制在1030km²以内，占市域总面积的12.1%；市域常住人口1180万人，其中城镇人口994万人左右，农业人口186万人，农村人均建设用地规模按90-120m²控制。但实际上，现状武汉市农村人均居民点用地约为160m²，而近20年，在国家农村政策没有较大调整的情况下，除城镇化征地外，农村居民点用地还无法大面积减少，参考北京市农村人均控制建设用地指标，武汉市农村人均建设用地规模按150m²控制。据此推算市域非建设用地比重约为85.5%，考虑为未来发展留有一定的弹性，以及农村地区水利设施的建设，留出150km²作为弹性用地，则剩下的生态用地比重应控制在83%左右。

4. 结论

综合以上三种方法的计算结果和相关理论、经验值，并结合武汉市的生态现状与发展阶段，中国城市规划设计研究院研究认为，武汉市域生态用地比重应为83%左右。

二、都市发展区生态用地比重测算

根据逾渗理论，当所有城镇建成区占据了超过区域总面积的50%时，即会发生过量转变，城镇空间将会迅速连绵形成一体而难以再实施区域生态修复。目前国内一些城市已采取逾渗理论确定了50%的生态用地比重标准。武汉都市发展区总面积3261km², 其中江河湖泊等水域面积占都市发展区总面积的近20%。显然,如果武汉仅满足于50%的生态用地控制规模,并不能完全彰显武汉的城市生态特色,从生态资源条件来看,武汉拥有最为独特的生态景观与资源优势,拥有建设生态城市的优越条件。

武汉都市发展区范围内生态用地总量仍然采用概算法、碳氧平衡法、建设用地需求法等三种方法进行测算。

1. 概算法

根据武汉都市发展区的自然生态资源状况,生态用地应包括林地、耕地、水面、园地、荒地以及其他未利用土地等类型。

根据国家生态市建设标准,平原地区的森林覆盖率至少要达到15%,由于都市发展区内建设用地较多,林地大部分分布在都市发展区外围,都市发展区的森林覆盖率标准可以适当降低,按12%控制,则武汉都市发展区的森林面积至少应为391km²。

根据武汉市土地利用总体规划,2020年都市发展区耕地保有量约为980km², 约占都市发展区总面积的30%。同时考虑到都市发展区用地范围内江河湖泊等水域面积约为630km², 约占都市发展区总面积的19%。

以上几种类型的生态用地面积总和为2001km², 占都市发展区面积的61.4%, 若再加上园地、荒地、其他农用地、未利用地等其他生态用地,则都市发展区的生态用地比重应达到70%以上。

2. 碳氧平衡法

武汉都市发展区2020年规划人口880万人,按前述指标,理论上需要1760km²的氧源绿地,都市发展区不可占用水域面积约为630km²。因此,都市发展区生态用地面积约为2390km², 约占都市发展区面积的73%。

3. 建设用地需求量法

根据武汉城市总体规划,武汉都市发展区规划至2020年建设用地规模为906km², 占

相关资料链接:氧源、氧平衡机理和生态绿地

城市的氧平衡,是期望城市绿地自身产生的氧气能够等于市区人群活动所需的氧气量。许多研究报告都指出:单从人呼吸的氧平衡来讲,在温带地区一个人有10m²左右的林地或25m²的草地即可平衡碳氧。这个结论长期主导了我国城市园林绿地规划。然而,这是一种基于自我平衡和封闭系统的理论。

实际上,由于现代社会(特别是静风条件下)工业化交通大量消耗化学燃料,城市地区的人均耗氧量已是单纯呼吸耗氧量的20倍,单纯从城市本身来解决氧平衡问题是非常困难的,有学者提出从城市的行政大区来计算氧平衡问题。以每人需10m²林地的20倍估计,为200m²。假设城市中可以解决10m²,则城外需要另有190m²的林地,按照氧平衡理论,每人的城市用地标准应该是300m²左右,而且其中的70%应是森林型绿地,这种绿地称之为氧源绿地。

都市发展区总面积的27.8%,据此推算都市发展区生态用地比重为72.2%,即使考虑为未来发展留有充足的空间,生态用地比重也应在70%左右。

4. 结论

综合以上三种方法的计算结果和相关理论经验值,并结合武汉的生态现状与发展阶段,中国城市规划设计研究院研究认为,武汉都市发展区生态用地比重应为70%左右。预控都市发展区内建设用地规模为978km^2,约占都市发展区总面积的30%,相较于武汉城市总体规划确定的2020年都市发展区规划用地规模,已为未来留有较大的发展空间。

考虑到武汉都市发展区70%的生态用地中包括了部分独立工矿和农村居民点,根据武汉都市发展区土地利用现状情况,考虑非农建设用地和农村居民点用地占比,并综合考虑武汉都市发展区未来节能减排的实施以及森林覆盖恢复率,确定武汉都市发展区生态空间体系内纯粹生态用地比重控制在65%,非农建设用地与农村居民点面积比重控制在5%以内。

第八章 武汉市生态空间体系的构建

第一节 武汉市生态空间架构与功能布局

一、生态空间的体系架构

1. 生态空间体系的模式选择

结合武汉市生态资源分布相对均质、因"湖群"集聚而具有典型"滨江滨湖"城市特色的生态基质特征，在武汉这样一种特大城市的空间尺度下，对城市生态空间体系的模式选择必然应考虑要素整合和框架构建的体系化、网络化，构建一种既满足城镇空间拓展的实际需求，又切实维护城市生态安全格局，保护山水资源要素，有利于彰显城市山水特色，促进城市可持续发展的结构模式。

在国际上经典的"绿心"、"绿环"、"绿楔"、"绿网"等生态空间布局模式的研究基础上，武汉选择的生态空间体系发展模式可概括为"环–楔–廊"网络化模式。这一模式一方面与武汉市特有的以主城为核，"TOD"引导的向六条城镇发展轴向拓展的城镇空间骨架取得有机契合；另一方面也是解决在特大城市的蔓延拓展过程中，主城与新城组群间有效隔离，各新城组群间"轴、楔相间"，保留城市通风廊道、保证都市发展区较为均质的城镇发展品质的一种路径；同时，这一模式也满足了主城边缘生态要素资源集中区域的成片保护需求，具有较高的现实可操作性（图8-1）。

2. 生态空间体系结构

通过对武汉山水资源要素分布特征的分析，结合武汉城市建设空间拓展的规律，从市域层面入手，重点在都市发展区构建"两轴两环，六楔多廊"的生态空间体系。

（1）两轴

"两轴"即是以长江、汉江及龟山、蛇山、洪山、九峰等东西山系构成的武汉市"十字"型山水生态轴，是展现武汉市"两江交汇，三镇鼎立"这一独特的城市空间格局和城市意象的主体，也是体现武汉市作为中国滨水城市中具有典型意义的山水园林城市特色的重要载体。在武汉市历轮城市总体规划的修编中，始终延续并强化着这一十字轴线的重要意义。近些年来，武汉市的城市建设，尤其是生态景观建设的核心，也始终重点围绕"两江四岸"、武昌城区"东西山系"地带展开。可以说，该两轴线是武汉城市生态结构和景观意向的历史承载，也是对城市历史格局的记忆承载。

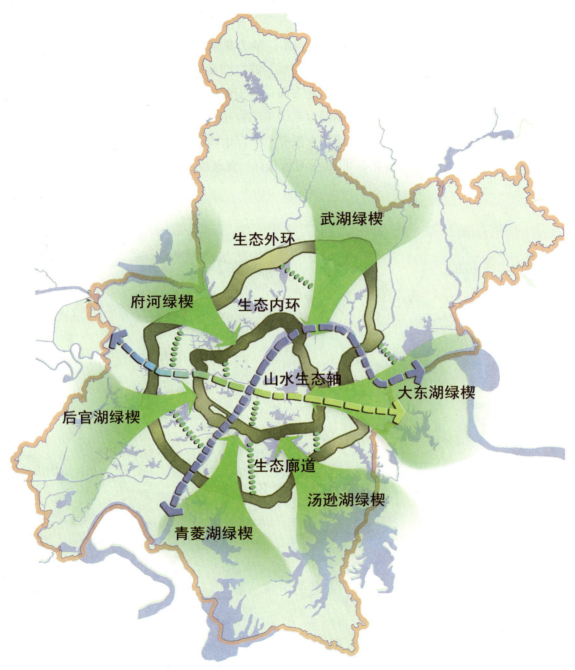

图8-1 武汉市生态空间体系结构示意图

(2) 两环

"两环"一是指以三环线防护林带及其沿线的中小型湖泊、公园为主体,形成生态内环,其核心意义在于形成特大城市空间拓展中主城区和外围新城及新城组团的生态隔离带,防止城市的无序蔓延;二是指以外环防护林带为介质的外围生态农业区形成生态外环,承担整个城市外围与城市圈诸多城市的生态隔离功能。

(3) 六楔

"六楔"是以主城区周边"湖群"或"山系"最为集聚、生态敏感性最强的生态要素空间为基础，综合考虑城市"以主城为核，轴向拓展"的空间发展模式，在主城区周边的六个外围空间方向，即东、东南、南、西南、西、北方向，利用山体湖泊、水域湿地、城市绿地、风景区、农田等自然生态条件，依大中型湖泊水系山系的分布，控制大东湖水系、汤逊湖水系、青菱湖水系、后官湖水系、府河水系、武湖水系等六个以水域湿地、山体林地为骨架，城市内外贯通的六片大型放射型生态绿楔，即道观河风景区－涨渡湖湿地保护区－大东湖，梁子湖湿

图8-2　武汉都市发展区生态空间网络示意图

地保护区-龙泉山风景区-汤逊湖-野芷湖，斧头湖、鲁湖湿地保护区-青龙山-青菱湖，九真山、索子长河-后官湖-龙阳湖-墨水湖，巨龙湖-柏泉风景区-府河-金银湖，木兰生态，旅游区-涨水生态带-武湖-天兴洲等六大生态绿楔，由外围农业生态区经新城组群直接渗入主城，作为联系城市内外的大型生态斑块。

生态绿楔是武汉城市生态空间体系的核心组成部分，也是构筑疏密有致的都市形态的重要一环。大型放射型绿楔既为保护湖泊水网及滩涂湿地等地区丰富的生物多样性提供生物栖息的主要生态空间，也是构筑城市风道的重要空间，对于武汉这样一个"火炉"城市而言，风道的意义显得尤为特别。尤其是东北部的武湖水系和东南部的汤逊湖水系绿楔，和南北向的长江天然"风廊"共同承担起城市冬夏主要风道功能，沿冬夏两季主导风向方向将清新、洁爽的新鲜空气引入城市中心地带，对于热岛效应的缓解具有特殊的意义。

（4）多廊

"多廊"则是在各城镇建设组团间、六大生态绿楔间，或利用自然水系沟渠，或结合山系灵活布局城市带状公园，或控制生态农业、林带等，以若干宽度适宜的生态廊道成为各生态基质斑块的重要连通道，为形成网络化城市生态格局奠定基础（图8-2）。

二、生态空间的功能布局

武汉城市生态空间体系的构建，从生态要素保护、城市空间发展格局控制等方面入手，构筑"两环两轴，六楔多廊"的生态框架体系，同时，亦对纳入生态框架体系保护中的各类生态空间赋予相对明确的生态功能。在当前以经济发展为导向的城镇化快速发展期，只有对各类被界定为生态保护空间的区域赋予明确的功能，以各种功能区、功能带的形式将生态绿楔、生态廊道等由"虚"的空间概念转化为"实"的功能概念，才有可能形成真正意义上的可保护、可操作的生态空间。

1. 十字轴线的主要功能

"十字"型山水生态轴对武汉城市发展的核心意义在将来一段时期内仍集中体现于主城，这一轴线在主城范围内承担的主要功能即是构筑城市的生态与特色景观轴。其中，长江生态景观轴为区域水道、城市风道、城市特色景观轴，起到城市通风廊道，凸显"滨江滨湖"城市特色，提供休憩交往空间的功能。该轴线以建设规模达290hm^2的汉口江滩公园，以及武昌临江绿带、汉阳江滩公园等为主要功能区，并连接各主要垂江生态型开放空间，以汉口沿江租界区、武昌千年古城为背景，形成主城区内规模最大、景观意向最为集中体现的城市生态型开放空间核心。而汉江及龟山、蛇山、九峰等东西山系轴则着力打造为滨水绿化景观轴与城中型山系风光轴，主要功能重点体现于城市景观、游憩并承担部分城市文化功能。该轴线以汉江两岸景观文化区、月湖龟山文化艺术区、蛇山黄鹤楼景区、洪山公园、九峰国家森林公园等功能区为主体，承载多样的城市功能。

2. 生态内外环的主要功能

广义上看，生态外环是以城市外环高速公路防护绿带为纽带，串联与之相联系的大型森林、水体、湿地等生态要素所构筑的都市发展区范围的生态保护圈，也即"环城绿带"，其平均宽度达15km。生态外环的主要功能是保护生态敏感区的水体交换、水土保持、生物多样性等多重功能，并且，作为城市的环城绿带，起到防止城市无序蔓延的重要意义。狭义上的生态外环则指外环高速公路两侧的防护林带，是在都市发展区范围打造的环城绿化林带，着重起到生态防护功能。

生态内环以城市三环线防护绿带为纽带，串联与之相联系的山体、湖泊、大型公园等自然山水资源，建成串珠状绿化隔离带、城市绿化景观带。其主要功能是主城区与新城组群间的生态隔离带，亦结合山体湖泊等建设绿化景观带，作为城市公园提供更多的游憩活动空间。除防护绿带外，环线上还串联布局竹叶海公园、天兴洲生态绿洲、黄塘湖公园、严西湖郊野公园、九峰森林保护区、野芷湖、黄家湖、南太子湖、三角湖公园、龙阳湖风景区等城市生态功能区。

3. 生态绿楔的主要功能

六大生态绿楔是城市的"绿肺"与"水肺"，具备以上生态空间体系的所有功能。都市发展区范围内主要保护的湖泊均位于六大生态绿楔范围内，湖泊与密布的水网是水的"呼吸"场所，水体的循环有利于保持和改善水体质量。根据各大绿楔生态基质的差异性，结合其发展的现势和区位条件，赋予各大绿楔相应的城市功能。

大东湖绿楔由道观河风景区、涨渡湖湿地保护区、九峰城市森林公园及大东湖生态风景区、沙湖等连接组成，其主要功能定位为国家级风景名胜区、国家森林公园，以生态湿地、风景旅游、休闲度假为主。

汤逊湖绿楔由梁子湖湿地保护区、龙泉山风景区、汤逊湖郊野公园、南湖风景区等连接组成，其主要功能定位为国家级湿地自然保护区、城市郊野公园、水源涵养地，并承担城市重要风道功能，以风景旅游、生态农业生产、湿地及郊野游憩为主。

青菱湖绿楔由斧头湖-鲁湖湿地自然保护区、青龙山森林公园及青菱湖科教植物园、黄家湖等连接组成，其主要功能定位为生态教育基地、湿地自然保护区，以湿地和森林旅游为重点，适度发展生态农业观光。

后官湖绿楔由索河风景区、九真山森林公园、后官湖郊野公园、墨水湖-龙阳湖风景区等连接组成，其主要功能定位为城市后花园，承担生态观光、湿地保护、历史文化、郊野公园、休疗养度假等功能。

府河绿楔由巨龙湖、柏泉风景区、府河绿化带及金银湖郊野公园等连接组成，其主要功能定位为重点蓄滞洪区，以风景旅游、主题游乐、生态农业观光为主形成城市郊野公园、生态游乐区。

武湖绿楔由木兰生态旅游区、滠水生态带、武湖生态农业区、天兴洲郊野公园等连接组成，其主要功能定位为重点蓄滞洪区、生态型都市农业区，并承担城市重要的风道功能（图8-3）。

第八章 武汉市生态空间体系的构建

图8-3 武汉都市发展区六大生态绿楔功能分区示意图

4．生态廊道的主要功能

分布于都市发展区内的各条生态廊道承担着城市各功能组团间、六大绿楔间的生态隔离及通风廊道功能，结合其各自的生态要素特征及周边用地性质，赋予其生态林地、带状公园或滨水公园等城市功能。

三、生态空间的区域统筹

城市生态空间体系必须与区域生态空间体系相衔接，才具有真正的系统意义。从国外特大城市生态空间体系构建的经验来看，城市生态空间体系均与区域生态空间体系形成了紧密的衔接关系。武汉市生态空间体系的构建，也应充分考虑武汉城市圈的生态空间框架，构建区域一体化的生态格局。

1. 武汉城市圈生态空间体系

武汉城市圈北、东、南三面为大别山和幕阜山环绕，中西部为广袤富饶的江汉平原。武汉是武汉城市圈的核心城市，位于长江与汉江交汇处，是两江交汇形成的冲积平原。武汉西联江汉平原腹地，南临洪湖、梁子湖、陆水湖等湖泊群和幕阜山脉，东望鄱阳湖平原，北接广阔的农田耕地和大别山、桐柏山，总体呈现"北山南泽、西野东岗"的区域生态格局（图8-4）。

武汉城市圈土地类型多样，地域分异明显，"一水、两山、三丘、四原"构成其生态空间体系架构的基本前提。该区域范围内水资源优势突出，土地资源相对丰富，生态、人文资源较具特色。

基于武汉城市圈区域生态格局以及城镇发展状况，以山脉、水系为骨干，以山、林、江、湖为基本要素，构建"一环两翼"的网络生态屏障（图8-5）。

"一环"，即距离武汉主城50km左右的环状地带，是梁子湖、斧头湖-西凉湖、刁汊湖、野猪湖-王母湖、涨渡湖等主要生态区域，以水系、山体、林地等为主要内容，形成一条环绕武汉都市发展区的区域生态环，是"一核"向外的缓冲带，也是核心区的生态培养圈。

"两翼"，即大别山脉和幕阜山脉，它们是武汉城市圈的重要生态屏障和环境保护带，在水土涵养、资源保护、气候调节和区域生态稳定性维护方面具有不可替代的作用。该地区在

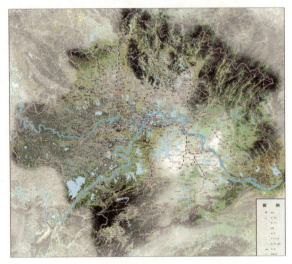

图8-4　武汉城市圈2007年影像图
资料来源：武汉城市圈"两型"社会建设综合配套改革实验区空间规划，2007。

图8-5　武汉城市圈生态网络布局图
资料来源：武汉城市圈"两型"社会建设综合配套改革实验区空间规划，2007。

主体功能区规划中为禁限建区，通过必要的生态补偿性建设和人口容量限制，生态系统进一步朝良性演化，从而更好地缓解城市圈生态环境压力。

在"一环两翼"生态空间体系基础上建设区内、区间点、线、面、带、块相结合的绿色生态网络体系，即以城乡绿化和平原路、沟、渠绿化为基础，以高速公路、国道和省道等为骨架，建设连通和环绕九城市的绿色生态网络，给城市圈增添最直接、最有效的感观效果和环境氛围。

2. 武汉生态空间体系与城市圈生态空间体系的衔接

在空间布局上，武汉"两轴两环、六楔多廊"的生态空间体系主要通过"一轴一环六楔"与区域生态空间体系直接衔接。

长江这一首要的生态要素，不仅是武汉生态空间体系的主体，同时也是武汉城市圈生态框架的主体，其上下游河道及其周边的支流、大中型湖群，构成了城市圈生态空间体系中重要的沿江河湖生态带，形成了贯通城市与区域的长江生态轴。

武汉生态空间体系中的外环生态带以都市发展区以外生态农业区为主体，其所包含的木兰山、梁子湖等重要生态空间均为武汉城市圈生态环的重要组成部分。武汉生态外环向城市圈范围进一步扩展，即成为城市圈的生态环，两者在武汉市境内是相重叠的。

图8-6 武汉城市圈生态空间体系布局示意图

资料来源：武汉城市圈"两型"社会建设综合配套改革实验区空间规划，2007。

武汉市生态空间体系中的六楔向区域扩展，也与城市圈的重要生态空间相连，东向的大东湖生态绿楔、北向的武湖生态绿楔进一步向东、向北延伸，与城市圈生态体系的"两翼"之一大别山余脉相接；东南的汤逊湖绿楔、南部的青菱湖绿楔进一步向东、南延伸，与城市圈生态体系的"两翼"之一的幕阜山余脉相接；西向的府河绿楔、西南的后官湖绿楔进一步向西部延伸，与江汉平原的沿江生态区相衔接（图8-6）。

第二节 武汉市禁限建分区划定

以"两环两轴，六楔入城"的生态空间体系结构为核心，将纳入生态空间体系保护的各类生态要素及用地通过禁建区、限建区、适建区三区的划定，予以空间落实，重点对都市发展区内的三区在1：10000地形图上予以落线，并进一步提出各类生态分区的管控及导引策略，制定相应的规划实施保障机制。

一、禁限建分区的界定

1. 禁限建分区的概念

禁建区指生态保育和生态维护的重要地区，原则上禁止任何城镇建设行为，是城镇建设用地选择应尽可能避让的区域。限建区指自然条件较好的生态重点保护地或敏感地区，对相关建设用地有严格限制条件。适建区指禁、限建区以外适宜和鼓励城镇开发建设的地区。

> **相关资料链接：《城乡规划法》与《城市规划编制办法》有关禁限建区的要求**
>
> 《中华人民共和国城乡规划法》第十七条明确规定："城市总体规划、镇总体规划的内容应该包括：城市、镇的发展布局，功能分区，用地布局，综合交通体系，禁止、限制和适宜建设的地域范围，各类专项规划等。……"
>
> 《城市规划编制办法》第三十一条明确规定："中心城区规划应当包括下列内容：……（三）划定禁建区、限建区、适建区和已建区，并制定空间管制措施。……"

> **相关资料链接：重庆市绿地保护区划分中的定义**
>
> 重庆将绿地保护区分为绝对禁建区和控建区。绝对禁建区是指城市规划确认的，城市中具有重要生态、景观保护价值，重要地下水敏感区、城市防灾区域上已建和未建的城市园林绿地。任何单位和个人不得改变其土地使用性质，不得在其内建设与绿地规划和城市基础设施无关的项目，不能转让或变相出让。控建区是指具有重要生态、景观保护等价值，但允许有条件低密度开发建设的已建和未建的城市园林绿地。任何单位和个人不得任意减少原有绿地面积，不得改变绿地功能及景观效果。

2. 禁限建分区要素的界定

禁建区主要包括：主干河流、湖泊湿地，保护完整的山体林地；地表水源一级保护区、地下水源核心区、地面塌陷沉降区、地下矿藏分布区、地下文物埋藏区、风景名胜区和自然保护区的核心区；大型城市生态公园及植物园的核心区；城镇组团绿化隔离区、重大市政通道控制带；城市楔形绿地的绿线控制范围；其他生态敏感性较高或基于空间完整性必须控制的生态区等。

限建区主要包括：地表水源二级保护区、地下水源保护区、蓄滞洪区、洪涝敏感区、风景名胜区和自然保护区；城市森林公园及郊野公园的非核心区、维护城市良好生态格局的绿化隔离地区、市级公益林区；75dB以上机场噪声控制区等（表8-1）。

各城市纳入禁限建区的要素比较表　　　　　　　　　　　　　　　　表8-1

		生态保护要素
国外案例	慕尼黑	自然保护区；风景保护区；生态群落保护区；农田、耕地、苗圃；草地、森林；风景公园；植物园；城市公园
	芝加哥	农业用地；河流、湖泊、湿地；绿地、草场、森林；城市公园；百年一遇泛洪区
	曼彻斯特	国家公园；农田；河流；沼泽地；高地
国内案例	上海	农田；水系；森林公园、防护林；名胜古迹；水源区；公园；动物园；高尔夫球场、赛车场、游乐园；名人墓园
	南京	农田；水系；森林（包括城市公园、郊野公园）；道路绿化带；山体
	深圳	一级水源保护区、自然保护区、风景名胜区、集中成片的基本农田保护区、森林及郊野公园；坡度大于25%的山地、林地以及特区内海拔超过50m、特区外海拔超过80m的高地；主干河流、水库及湿地；维护生态系统完整性的生态廊道和绿线；岛屿和具有生态保护价值的海滨陆域
	建设部	自然保护区；风景名胜；历史文化保护区；基本农田；河湖湿地；绿地；水源保护区；蓄滞洪区；山体
	武汉	山体水体；自然保护区；风景名胜区；历史文化保护区；河湖湿地；绿地；水源保护区；蓄滞洪区

资料来源：中国城市规划设计研究院深圳分院，武汉市生态框架控制规划方案，2007。

3. 禁限建分区划分的基本原则

禁限建分区划分应遵循以下基本原则：

（1）生态要素的保护

禁限建区的划分首先确保对湖群、湿地、山林、风景区等生态敏感性较强的各类要素的保护。通过对各要素空间的界定，并划定相应的要素保护区，发挥各生态要素的生态功能，最大限度地尊重自然规律，促进人与自然的和谐，并塑造具有武汉特色的城市空间。

（2）生态用地规模总量的保障

生态用地总量是保证城市生态功能正常发挥，维系城市生态安全的理想生态空间规模。禁限建区划定的主要目标之一是落实各类生态空间，确保生态用地规模总量。禁限建区的总规模应当确保达到测算的生态用地总量，才能有效地维护城市生态平衡，改善区域生态状况，实现经济社会可持续发展。

（3）生态空间体系结构完整性的维护

禁限建区的划定，应对确保"两轴两环，六楔多廊"的城市生态空间体系的完整性形成支撑。由于"禁"与"限"在管控力度上的差异性，必须优先考虑对具有框架结构意义的轴、环、廊、楔的核心区等生态空间以禁建区的形式予以空间落实，而对于非生态框架核心区部分，适度考虑城市发展的生长性，兼顾现实的建设情况，则可考虑以限建区的形式予以划定，为城市未来生态旅游休闲等生态项目的进入留有余地。对于武汉空间结构中六条城镇发展轴向，除必要的生态廊道隔离外，则鼓励城镇集中发展，以适建区的形式予以划定。

二、禁建区的划定

禁建区主要根据生态要素的保护与生态空间体系格局的完整性两个方面，采取分层划线的方式进行划定（图8-7）。

1. 山体水体等自然要素的划定

根据武汉市湖泊的特征及分布状况，将湖区面积大于10hm^{2}的湖泊划入武汉市生态保护框架。对于都市发展区的山体，严禁任何形式的山体植被破坏开发，保持山体轮廓，加强山体绿化。

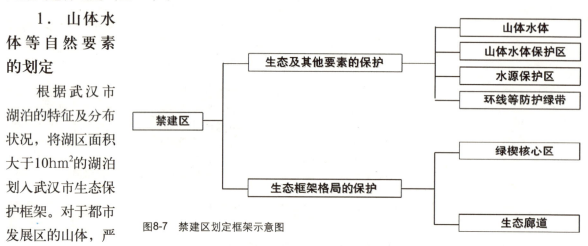

图8-7 禁建区划定框架示意图

（1）相关法规及规划要求

1）《武汉市保护城市自然山体湖泊办法》（武汉市人民政府1999）规定："为了维护城市自然生态环境，加强本市自然山体和湖泊的保护……自然山体、湖泊的保护依据本市城市自然山体、湖泊保护规划，实行分级保护……"

2）《武汉市湖泊保护条例》（武汉市人民代表大会常务委员会公告[第31号]）："市、区水行政主管部门应当对湖泊进行勘界，划定湖泊规划控制范围……"

3）《城市蓝线管理办法》（建设部令第145号）："编制各类城市规划，应当划定城市蓝线……城市蓝线一经批准，不得擅自调整……"

4）《城市规划原理》："坡度大于20%属于不适于修建的用地……"

(2) 山体水体划定

武汉地处长江中游，地势中间低平，南北丘陵、岗陇环抱，山体资源丰富，河流纵横交错，湖泊星罗棋布。根据以上现状，结合山体的高度与坡度分析（图8-8）以及水土流失等要素分析（图8-9），具体划定山体水体控制线。

2．山体水体保护区的划定

(1) 相关法规要求

1)《城市绿化条例》（中华人民共和国国务院令第100号）："……利用原有的地形、地貌、水体、植被……合理设置公共绿地、居住区绿地、防护绿地、生产绿地和风景林地等……任何单位和个人都不得擅自破坏绿化规划用地的地形、地貌、水体和植被。"

2)《城市绿化规划建设指标的规定》："……城市内河、海、湖等水体及铁路旁的防护林带不小于50m……"

3)《武汉市关于加强中心城区湖边、山边、江边建筑规划管理的若干规定》（武规[2003]1

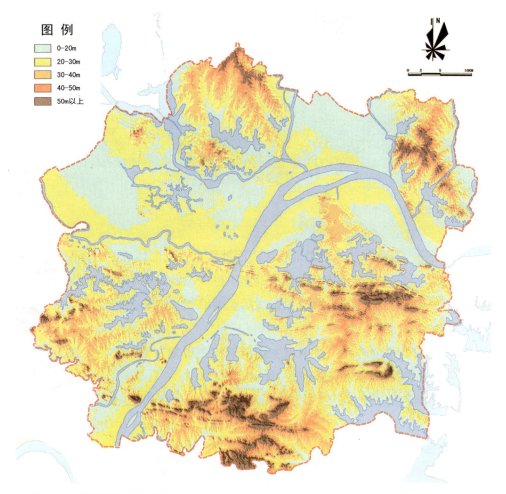

图8-8　武汉都市发展区高程分析图

图8-9 武汉都市发展区水土流失分析图

号）："临山体新建、改建和扩建的建筑物临山面外缘垂直投影线后退山体保护绿线原则上不少于20m……一山一景规划控制山体开敞面原则上不得少于山体占地总周长的60%……临湖新建、改建和扩建的建筑物临湖面外缘垂直投影线后退湖泊外围绿线不少于7m。"

（2）相关研究支撑

中国城市规划设计研究院在《武汉市生态框架控制规划方案》的研究报告中，结合国际上相关研究对水体周边保护宽度问题进行了探讨。

根据国际上诸多学者按照生态学理论进行的相关研究，沿河绿带的规划宽度至少应达到30m，才能保证其控制水土流失、降低温度、过滤污染物的功效，增加河流中生物供给量和保护生物多样性的功效，一般当绿带宽度达到50～200m时，可提供较好的生境（表8-2）。

（3）划线标准

依据以上法律法规及有关研究，结合武汉市实际情况，确定山体、水体保护区控制标准：

水体周边植被建议宽度表　　　　　　表8-2

功能	研究者和研究年份	相关细节	建议宽度（m）
保护野生动物	Brown et al, 1990 Rabent, 1991 Newbold et al, 1980 Brinson et al, 1981 Stauffer, 1980 Budd et al, 1987 Cross, 1985	供应食物、水、地表覆盖 鱼类、两栖类 非脊椎动物种群 哺乳、爬行和两栖类动物 保护鸟类种群 提供有机碎屑物质 小型哺乳类动物	99~169 7~60 >30 200 11~200 15 9~20
保护鱼类	Williamson et al, 1990		10~20
增强河岸稳定性	Erman et al, 1977	低级河流	30
控制水质	Ahola, 1989 Hoek, 1987 Keskitalo, 1990 Peteriohn, 1984 Correll, 1989	一般的改善 同上 控制氮素 同上 控制磷的流失	50 150 30 20~30 30
控制沉积物	Rabeni, 1991 Brown et al, 1990 Peteriohn, 1984 Erman et al, 1977 Budd et al, 1987	美国国家立法 同上 同上 控制养分流失 控制河流混浊	23~183.5 213 19 30 15

资料来源：中国城市规划设计研究院深圳分院，武汉市生态框架控制规划方案，2007。

山体保护线控制标准——禁、限建区内控制200m，城镇建设用地内不小于50m。控制山体开敞面原则上不得少于山体占地总周长的60%。

水体保护线控制标准——禁、限建区内沿江、河、湖纵深不小于200m，邻规划建设区不小于100m，邻已建区控制不小于50m；禁、限建区内主要湖泊岛咀地区保留进深不小于1000m，面积不小于100hm²的集中生态绿地。

3．水源保护区的划定

（1）相关法规要求

《中华人民共和国水污染防治法》（中华人民共和国主席令第八十七号）："国家建立饮用水水源保护区制度。饮用水水源保护区分为一级保护区和二级保护区；必要时，可以在饮用水水源保护区外围划定一定的区域作为准保护区……禁止在饮用水水源准保护区内新建、扩建对水体污染严重的建设项目；改建建设项目……"

（2）水源保护区划定

长江、汉江、滠水作为武汉市重要的饮用水源，在考虑规范的控制标准基础上，结合江河堤防滩涂防护林及水环境要素分析等（图8-10），适当扩大水源保护区范围并划定保护控制线。

图8-10 武汉都市发展区水环境分析图

4．环线等防护绿带的划定

（1）相关法规及规划要求

1）《城市绿线管理规定》（建设部令112号）："城市规划、园林绿化等行政主管部门应当密切合作……确定防护绿地、大型公共绿地等的绿线……"

2）《城市绿化条例》（中华人民共和国国务院令第100号）："防护绿地、行道树及干道绿化带的绿化，由城市人民政府城市绿化行政主管部门管理……任何单位和个人都不得擅自占用城市绿化用……"

3）《武汉市城市绿地系统规划（2003～2020年）》（武政[2003]89号）："国道主干线、高速公路的绿化带宽度控制在100～500m以上……铁路两侧绿化带在城镇建成区以外控制在50m以上……"

（2）环线等防护绿带的划定

规划重点对三环线、外环高速公路周边的生态绿地进行控制，根据国内外相关城市环线绿带建设情况的研究（表8-3，图8-11），结合武汉市的实际情况，确定两环的防护绿带宽度。

第八章　武汉市生态空间体系的构建

部分城市环城绿带对比一览表　　　　　　　　　　　表8-3

城市	规模	布局形式	内容	始建年份
北京	240km²	片、块、线、环状	风景游览点、主题公园、林带、果园、农业用地、菜地、风景区、名胜保护区、郊野公园等	1958年
上海	500m宽 97km长 72.41km²	环状	农业用地、公园、森林公园、动物园、名胜古迹、高尔夫球场、赛车场、游乐园、名人墓园、防护林等	1994年
天津	500～1000m宽 73km长 38km²	环状	果园、鱼塘、防护林带、暂时保留村庄和部分企事业单位等	1986年
南京	600-1200m宽	环状	公路绿化带、防护林带	—

资料来源：广东省建设厅、广东省环城绿带规划指引，2003。

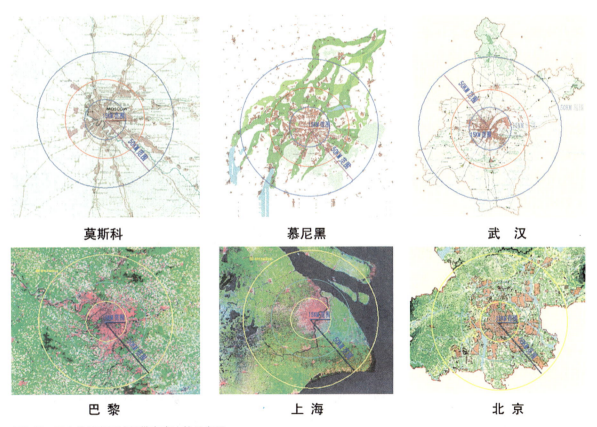

图8-11　国内外城市环城绿带宽度比较示意图

其中，三环线防护绿带控制宽度单侧100m，最窄处单侧不少于50m，考虑到三环线具有隔离主城区与外围新城组群的重要生态意义，规划以三环线防护绿带串联周边河湖水系、公园绿地等，形成主城区与新城组群的生态隔离环，平均宽度达到1.66km。外环防护绿带的一般宽度应达单侧200m；考虑城镇建设现状情况，穿过城镇建设区的外环绿带宽度根据实际情况压缩，但压缩段总长占比不超过外环绿带长度的20%（图8-12）。

5．绿楔核心区的划定

武汉城市生态空间结构所确定的六大绿楔，是确保城市生态空间体系的重要组成部分，也是都市发展区范围内湖群、山系特征最为明显，生态要素集聚度最高的区域，同时亦为城市主要的风廊。但是，考虑到绿楔的规模尺度大，所占用地面积广，实际村庄建设情况相对复杂，故规划对六大绿楔用地进行详细甄别，将生

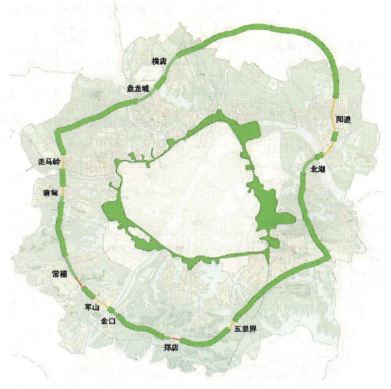

图8-12　武汉市环城绿带划定示意图

态要素集聚度、主导风向廊道控制等作为关键判别因素，同时综合考虑矿产资源、林地、园地以及土壤环境敏感度、地质承载力、地质环境与地形地貌等因素，确定绿楔核心区，纳入禁建区管理范围。

根据对矿产资源、林地、园地以及土壤环境敏感度的分析，为东部大东湖绿楔、南部青菱湖绿楔、西部后官湖绿楔的核心区划定提供直接依据。此外，根据对地质承载力、地质环境与地形地貌的分析，确定西北府河生态绿楔的核心区域范围（图8-13~图8-18）。

主要风道的控制依据2005年华中科技大学完成的《武汉城市气候改善与宜居环境优化研究》确定。该研究基于中国地球系统科学数据网（Data-Sharing Network of China Earth System Science）和武汉市气象台提供的数据分析，通过数据计算和模型分析，确定武汉市主要的风道和外围湖泊湿地对城市气候的影响。由此，可确定东北、东南主要城市风道方向上的东北部武湖绿楔、东南部汤逊湖绿楔中的湖泊湿地是对城市气候调节有重大作用的要素（图8-19、图8-20）。

根据以上划分依据，结合各种生态条件的分析，具体划定六大生态绿楔核心区的控制线。

6．生态廊道的划定

一般而言，生态廊道的划定在满足最小宽度的基础上越宽越好，考虑土地利用边际效应，根据具体情况研究最小宽度。

参考借鉴国内外对于廊道宽度的研究成果，在对不同学者提出的生物保护廊道适宜宽

第八章 武汉市生态空间体系的构建

图8-13 武汉都市发展区矿产资源分析图

图8-14 武汉都市发展区林地园地分析图

图8-15 武汉都市发展区土壤敏感性分析图

图8-16 武汉都市发展区地质承载力分析图

图8-17 武汉都市发展区地质环境分析图

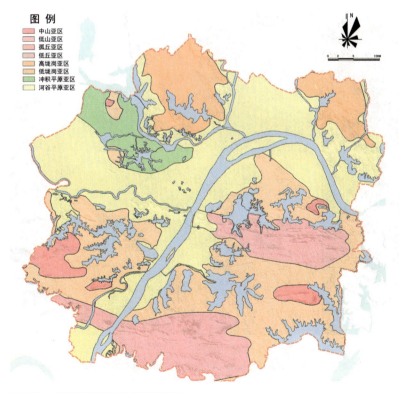

图8-18 武汉都市发展区地貌分析图

图8-19 武汉市夏季主导风向（东南风）温度图
资料来源：余庄，华中科技大学。武汉城市气候改善与宜居环境优化研究，武汉城市总体规划专题研究，2005。

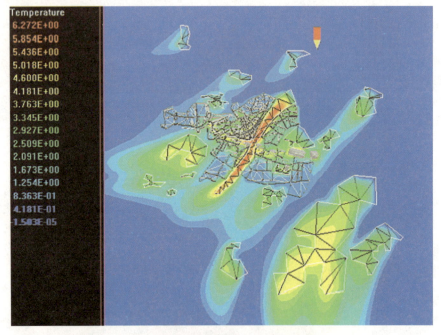

图8-20 武汉市冬季主导风向（东北风）温度图
资料来源：余庄，华中科技大学。武汉城市气候改善与宜居环境优化研究，武汉城市总体规划专题研究，2005。

度值和相应的保护功能进行归纳总结的基础上，结合武汉都市发展区的实际情况，确保基本生态功能，确定最小应保证生态廊道500~1000m的宽度值（表8-4、表8-5）。

不同学者提出的生物保护廊道的适宜宽度　　　　　表8-4

作者	发表时间	宽度（m）	说明
Corbett E S等	1978	30	使河流生态系统不受伐木的影响
Stauffer和Best	1980	200	保护鸟类种群
Newbold J D等	1980	30	伐木活动对无脊椎动物的影响会消失
		9~20	保护无脊椎动物种群
Brinson等	1981	30	保护哺乳、爬行和两栖类动物
Tassone J E	1981	50~80	松树硬木林带内几种内部鸟类所需最小生境宽度
Ranney J W等	1981	20~60	边缘效应为10~30m
Peterjohn W T等	1984	100	维持耐荫树种山毛榉种群最小廊道宽度
		30	维持耐荫树种糖槭种群最小廊道宽度
Harris	1984	4~6倍树高	边缘效应为2~3倍树高
Wilcove	1985	1200	森林鸟类被捕食的边缘效应大约范围为600m
Cross	1985	15	保护小型哺乳动物
Forman R T T等	1986	12~30.5	对于草本植物和鸟类而言，12m是区别现状和带状廊道的标准。12~30.5m能够包含多数的边缘种，但多样性较低
		61~91.5	具有较大的多样性和内部种
Budd W W等	1987	30	使河流生态系统不受伐木的影响
Csuti C等	1989	1200	理想的廊道宽度依赖于边缘效应宽度，通常森林的边缘效应有200~600m宽，窄于1200m的廊道不会有真正的内部生境
Brown M T等	1990	98	保护雪白鹭的河岸湿地栖息地较为理想的宽度
		168	保护Prothonotary较为理想的硬木和柏树林的宽度
Williamson等	1990	10~20	保护鱼类
Rabent	1991	7~60	保护鱼类、两栖类
Juan A等	1995	3~12	廊道宽度与物种多样性之间相关性接近于零
		12	草本植物多样性平均为狭窄地带的2倍以上
		60	满足生物迁移和生物保护功能的道路缓冲带宽度
		600~1200	能创造自然化的物种丰富的景观结构
Rohling J	1998	46~152	保护生物多样性的合适宽度

资料来源：朱强，俞孔坚，李迪华.景观规划中的生态廊道宽度.生态学报，2005（9）。

根据相关研究成果归纳的生物保护廊道适宜宽度　　　　　　　　　　　　　表8-5

宽度（m）	功能及特点
60~100	对于草本植物和鸟类来说，具有较大的多样性和内部种；满足动植物迁移和传播以及生物多样性保护的功能；满足鸟类及小型生物迁移和生物保护功能的道路缓冲带宽度；许多乔木种群存活的最小廊道宽度
100~200	维持耐荫树种种群最小廊道宽度；保护鸟类种群，保护生物多样性比较适合的宽度
≥600~1200	能创造自然的、物种丰富的景观结构；含有较多植物及鸟类内部种；通常森林边缘效应有200~600m宽，森林鸟类被捕食的边缘效应大约范围为600m，窄于1200m的廊道不会有真正的内部生境；满足中等及大型哺乳动物迁移的宽度从数百米至数十公里不等

资料来源：朱强，俞孔坚，李迪华.景观规划中的生态廊道宽度.生态学报，2005（9）。

生态廊道具有连接各生态斑块、基质的重要作用，是形成网络化生态空间体系模式的重要空间纽带，对保护生态多样性具有实际的生态意义，生态廊道的划定除外环防护绿带之外，还考虑在六大绿楔之间构筑必要的绿楔间连通廊道，以及同一城镇发展轴向上的新城与新城组团之间形成宽度适度的生态廊道，形成组团间的有机隔离。

三、限建区的划定

限建区的划定主要考虑以下几个方面的因素：一是生态要素的保护，包括一般农田区、分蓄洪区、风景区的非核心区、森林公园和郊野公园的非核心区、机场噪声控制区；二是生态空间体系格局的控制，重在保障生态绿楔的完整性；三是土地出让的现实要素，考虑对合法的已批未建项目的判断；四是城市发展轴向引导要素，在六条城镇发展轴向上为未来城镇的建设和发展预留一定的发展空间。

结合以上限建区划定的依据以及自然生态要素的特征与功能，划定都市发展区内的限建区。

四、适建区的划定

适建区的划定主要考虑城镇发展轴向的建设引导需要、各类评价要素的综合控制以及适宜城镇规模化发展空间的预留。

综合考虑各城镇功能组团发展现状以及未来空间拓展的可能性，在确保生态总量不变与生态空间体系结构完整性的前提下，根据资源环境条件具体划定适建区（包括城镇建设与远景控制建设用地）。

根据以上禁限建分区划分方法，形成都市发展区禁限建分区总图（图8-21、图8-22）。

图8-21 武汉都市发展区禁限建分区分层划线示意图

特大城市生态空间体系规划与管控研究

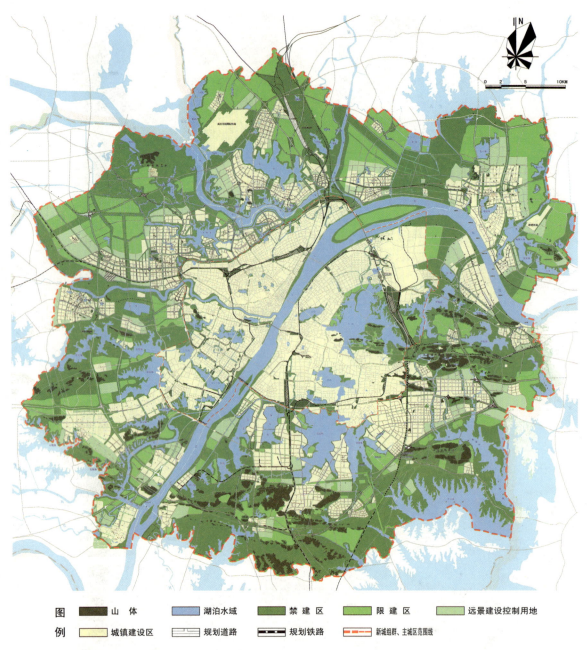

图8-22 武汉都市发展区禁限建分区图

五、市域禁限建分区的衔接

在都市发展区禁限建三区划定之后，依相同的划分原则，在外围农业生态发展区范围进行三区划定，实现市域层面禁限建分区的统筹协调，落实市域生态空间的框架体系（图8-23）。

第八章 武汉市生态空间体系的构建

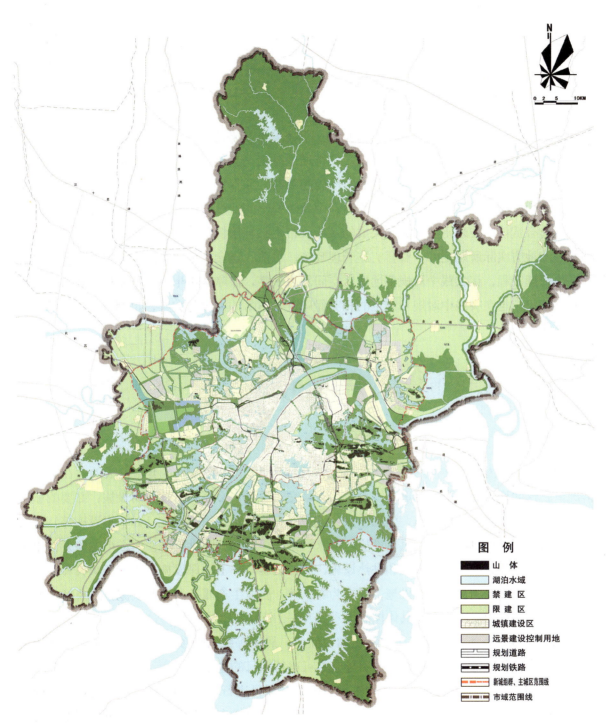

图8-23 武汉市域禁限建分区图

第九章 武汉市生态空间的管控策略

在构建武汉市生态空间体系的框架结构，划定城市禁限建分区之后，我们在从物质空间规划向公共政策转型中作出了积极的尝试。期待通过制定一套适合当前城市发展阶段，符合武汉地方特色的，刚性与弹性相结合的生态空间管控策略，并探讨相应的实施管理机制。本书的第九、第十两个章节具体阐述了我院项目组在中规院提出的武汉市生态框架保护的管控策略的基础上，结合武汉市委政研室2008年完成的《武汉市生态补偿机制研究》成果，依据武汉城市规划管理的地方实际所制定的一整套实施管理政策。目前，这套管理政策纳入了武汉市城市规划的具体管理流程，在实践中对规范远城区空间发展秩序，保障城市生态功能发挥了积极作用，同时，武汉市也在实践中对规划制定的相关程序进行不断的调试与完善，也期待与全国的同行进行交流。

第一节 武汉市禁建区控制指引

一、项目准入原则

禁建区应以生态保护为主，严格控制新增城镇建设用地及其他各类建设活动，在必要的情况下，仅允许下列五类用地进入：重大的道路交通设施；必要的市政公用设施；必要的旅游基础设施和核心游赏景观设施；生态型农业设施；必要的特殊用途设施（如军事设施等）。其中，市政公用设施包括必要的供电设施，供水、排水、排污、防洪排涝、河道生态恢复、水土保持、水利工程管理设施，供气和供热设施，通信设施，环卫环保设施，防灾、减灾和公共安全保障设施，必要的社区服务设施，直接为农、林、渔业生产服务的各类设施，以及经市政府批准建设的特殊用途设施等。具体控制要求如表9-1所示。

禁建区原则上不允许新建工业、仓储、商业、居住等经营性项目。各类准入项目必须通过严格的审查程序把关和控制政策的引导，方可进行项目的建设。

（1）确需在禁建区范围内安排的重大设施，在项目进行可行性研究的基础上必须进行环境影响评估及规划选址论证，并通过相关主管部门的严格审查会签之后，上报市规划委员会审议，由市政府批准后方可进行建设。

（2）准入项目应以保护生态空间体系和环境为前提，并以促成充分发挥生态服务功能为主要目标。

（3）准入项目应以不损害当地自然生境（特别是珍稀野生动植物，自然地形地貌等）、

禁建区建设用地控制指引　　　　　　　　　　　　　　　　　　　　表9-1

类别		保护控制要点
工业用地	新建工业项目	禁止
	已建工业项目	根据国家"工业入园"的政策，逐步搬迁至适建区进行集中发展
居住用地	新建居住项目	禁止
	已建居住项目	保留具有历史文化保护价值的建筑；一类居住项目经整改环评达标后保留；二类及以下居住项目置换搬迁至适建区或限建区
农村居民点	历史文化名村、古村落	保留
	一般农村居民点	禁止新增农村居民点建设用地规模，鼓励搬迁至限建区或适建区集中发展
旅游休闲用地	新建旅游项目	自然保护区的核心区以及一级水源保护地禁止建设；其他区域允许必要的旅游基础设施和游赏景观设施建设，风景区应按照国家相关规范进行核心服务设施建设
	原有旅游项目	整改环评达标后可适当保留
交通及市政设施用地	已有设施	整改环评达标后可保留，但改、扩建应进行严格环评论证和准入论证
	新建设施	根据城市发展需要，允许必要的重大道路交通设施和市政公用设施建设，但应进行严格环评论证和准入论证
其他用地		除必要的特殊用途设施用地外，禁止其他与生态保护无关的建设

注：禁建区内违建项目一律搬迁腾退，恢复生态功能；已批未建的工业、居住等经营性项目禁止建设。

郊野自然景观和自然活动规律，并不与地方特色相冲突为前提。

（4）对禁建区内的已批已建项目，允许保留经环评达标后对生态环境无不利影响的非生产性项目，其余分类提出整改和搬迁腾退意见；对保留项目应按照减量化、再利用和循环利用的原则进行生态化改造。

禁建区内不允许工业项目保留。对于现状大片的工业园区，规划应将其划入限建区和适建区；对于现状小型零散的工业用地，根据国家产业发展和土地使用政策，应该坚决执行"工业入园"，即规划整合小型零散工业、集中统一迁入临近建设区内的工业园。不应允许小型零散的乡镇工业存在。

禁建区内不允许二类居住项目保留。对于现状已建一类居住用地，确需保留的须进行整改，并通过环境评价达标后方可予以保留；对于现状二类居住用地，应搬迁至限建或适建区。

（5）禁建区允许进入的建设项目应遵循少量、小型、分散的原则，建筑高度应低于10m，单栋建筑面积不得大于600m^2。

> **相关资料链接：国内外生态城市有关项目准入的政策**
> 英国绿环中任何专门的开发都必须得到地方政府的批准，英国政府指出"除了非常特殊的情况，任何对绿环有害的开发都不会被批准"。此外，德国慕尼黑、法国巴黎、前苏联莫斯科等城市对生态绿地控制都制定了相关的政策和规定。广东省专门出台了《广东省环城绿带规划指引》以指导各类资源保护利用和空间管制；深圳、北京、上海等国内城市也出台了相应的管理办法，以保证城市生态安全格局。

二、产业结构调整策略

禁建区范围内不允许发展任何工业项目。产业结构调整的方向为"生态型"产业，鼓励发展生态型农业、生态旅游业等无污染、对生态环境无影响，与生态环境相互依存的产业。

三、村镇建设策略

禁建区内鼓励现状农村居民点搬迁腾退，禁止新增村镇建设用地规模。根据农村居民点所处的区域和自身特点，可将禁建区范围内的农村居民点划分为两种类型，分类采取不同的调控措施。

1. 迁建型农村居民点

位于一级水源保护区、自然保护区核心区和缓冲区、风景名胜区的核心区、超标洪水分洪区及地质危险区和生态环境恶劣地区的村庄原则上由政府组织进行迁建，采取多种迁建途径，有步骤地搬迁到禁建区以外，可根据农民意愿部分迁入城镇，也可采取异地统建的方式，将区内原农村居民点的建设用地逐步置换为生态保护用地。应编制村庄搬迁规划，落实搬迁方案和搬迁步骤，引导政府资金使用，逐步治理环境，同时，编制近期整治规划，加强污染治理和村庄整治工作。

位于禁建区范围内的自然村，原则上应加强政策引导，采用土地置换等多种方式，引导村民向城镇或限建区集中。应编制近期村庄整治规划和远期搬迁规划，合理安排建设时序，近期主要以控制蔓延和整治为主，改善生活条件，加强村庄人居环境治理，待远期条件成熟时，实施搬迁。

2. 保留型农村居民点

位于禁建区范围内的历史文化名村、古村落原则上予以保留，保持现有规模，以生态保育和生态恢复优先为原则，在保证生态环境的前提下，以改善、整治为主，加强基础设施配套和绿化建设，重点改善环境卫生，制定防灾减灾的措施。原则上不再增加建设用地，以农业、生态、旅游等相关产业作为村庄发展的主导产业。应编制村庄建设和保护规划，确保历史文化风貌和人文景观环境得到保护。

第二节 武汉市限建区控制指引

一、项目准入原则

限建区在确保生态环境不受结构性影响的前提下,仅允许九类用地进入:重大的道路交通设施;必要的市政公用设施;必要的旅游设施;公园绿地;必要的农村生产、生活及服务设施;必要的公共设施和文化设施;必要的特殊用途设施(如外事、保安设施等);必要的生态型研发设施、与大型旅游景区结合的少量生态型居住设施。确需建设的项目必须经过环评、听证、市规划委员会审查等程序。具体控制指引如表9-2所示。

限建区建设用地控制指引　　　　　　　　　　表9-2

类　别		保护控制要点
工业用地	新建工业项目	禁止
	已建工业项目	一类工业经整改环评达标后保留,二、三类工业项目搬迁腾退
居住用地	新建居住项目	一类居住项目经环评达标后允许适当建设,应满足建设控制要求
	已建居住项目	保留具有历史文化保护价值的建筑;一类居住项目经整改环评达标后保留;二类及以下居住项目置换搬迁
农村居民点	历史文化名村、古村落	保留
	一般农村居民点	在严格控制生态影响前提下,鼓励拆村并点,集中建设较大规模中心村,提高中心村配套水平,其改建应征求规划建设部门意见。
旅游休闲用地	新建旅游项目	在不破坏生态环境的前提下,允许适当建设
	原有旅游项目	允许进行适度改建、扩建,但应进行环评及准入论证
交通及市政设施用地	已有设施	保留,允许适当改、扩建
	新建设施	允许建设,但应进行环评及准入论证
其他用地		除绿地、必要的公共设施和科研文化设施及特殊用途设施用地外,禁止其他与生态保护无关的建设

注:限建区内违建项目一律搬迁腾退,恢复生态功能;已批未建的工业及二类居住项目禁止建设。

限建区原则上不应允许新建工业、仓储项目。在不破坏生态平衡、不影响生态功能、不降低景观质量的基本前提下,限建区内准入项目应经过选址论证、环评、听证、市规划委员会审查、市政府批准等程序后方可按照相关程序进行项目建设。

对于限建区范围内已经存在的合法建设项目,如符合准入项目政策,应按照相对集中、去污染化的原则进行整改,并经环评达标后予以保留,其拆迁、改建也应通过市级规划主管部门和相关主管部门的严格审查。

> **相关资料链接：美国国家公园管制措施**
>
> 美国国家公园除了建设必要的风景资源保护设施和必要的旅游设施外，没有其他开发项目。国家公园内只允许建造少量的、小型的、朴素的、分散的旅游生活服务设施，同时，生活服务设施都必须远离重点景观的保护地，不允许建设高层旅馆、餐馆、商店、度假村、别墅，更不能建造旅游城镇。国家公园内的建筑，其外形原始、粗犷而有野趣，色彩淡雅，形式多采用地方风格，力求与当地自然环境融为一体。不设高大门楼，在公园入口处只设置简朴的标记或标牌，售票亭也只是临时小亭，而非永久性建筑。在国家公园内，游人住宿的旅游床位和野营地床位，都是严格控制的，游客也是严格控制的，游人必须事先申请，获准后才能进入，避免超过容量而对环境造成破坏。
>
> 国家公园内不允许建造索道缆车，车道选线十分慎重，不得破坏自然景观和资源。天然公园内有很好的环境保护设施，大峡谷在山顶设有污水处理厂，给水是从离山顶2000m的公园外界山脚提升到山顶的。市政管线均采用地下敷设方式，避免对环境和景观造成负面影响。

二、建设强度控制

限建区内允许建设项目不得破坏山体、水体等自然景观资源，应满足低强度、低密度的建设控制要求，并保证项目生态用地总量不低于60%-70%。项目建设应遵循少量、小型的原则，除交通设施、市政设施外，建议相对集中布局，集约化使用土地资源。准入项目除重大基础设施和公共设施外，建筑高度不宜高于15m，单栋建筑面积宜控制在1000m^2以下。重大基础设施和公共设施如突破上述指标，必须单独组织论证。处于地下水源保护区和补给区内的建设用地执行地下水源保护的有关建设限制要求。

限建区内生态旅游区的旅游用地开发，建设用地总量应根据环境容量进行测算，且一般不得超过旅游区总面积的20%，建筑密度控制为5%-15%，容积率控制为0.1-0.3，绿地率不低于65%；生态型居住用地建筑密度控制为5%-15%，容积率控制为0.1-0.5，绿地率不低于70%；教育文化等公共设施用地建筑密度控制为15%-20%，容积率控制为0.2-0.6，绿地率不低于60%；生态型研发用地建筑密度控制为15%-25%，容积率控制为0.3-0.7，绿地率不低于60%；农村居民点用地开发建设强度应满足国家村镇用地规划标准及地方村庄建设规划对该类型用地的一般控制标准；农村服务设施用地可参照公共设施用地控制标准实行；市政设施和特殊用途设施，作为零散用地的开发，其建设强度参照相关专项规划或地方通行标准实行。

三、产业结构调整策略

限建区内严禁规模化、有污染的工业项目进入。产业结构调整方向为鼓励农业产业化发展，鼓励发展生态型农业、观光农业、生态旅游业等无污染、对生态环境影响较小的产业。限建区内可适度发展低密度、无污染的农副产品就地加工等类型产业。除此之外，对其他产业活动应逐步实施置换搬迁。

四、村镇建设策略

限建区原则上鼓励农村居民点迁建、合并。根据农村居民点所处的区域和自身特点将限建区范围内的农村居民点划分为两种类型,分类采取不同的调控措施。

1. 合并型农村居民点

位于限建区范围内的农村居民点可不必外迁,但不得进行对环境有污染的工业生产活动。鼓励农村居民点迁村并点,对于限建区内分散布局的村庄,应结合土地流转制度和农业产业化发展的需要,结合农民意愿适当进行迁并,相对集中建设合并型农村居民点,并加强基础设施建设,完善公共服务配套设施,提高农村居住生活水平。

2. 保留型农村居民点

位于限建区范围内的历史文化名村、古村落应予以保留,并编制村庄建设和保护规划,确保古村落环境和人文风貌得到保护。

乡村作业地区以调整为主,促使传统农业逐渐向生态型农业、观光农业转换。在改善环境质量、维护生态平衡的同时,通过各项鼓励措施提高农村地区的经济实力,增加就业机会和农民收入。

第三节 武汉市适建区控制指引

适建区包括城镇建设区和其他适建区两种类型。城镇建设区是规划期限内布局的城镇建设用地,其他适建区为远景控制建设用地。

一、城镇建设区控制指引

该区域是城市居住、公共服务、产业、交通等主要功能的载体,是城市重点开发建设区域。规划重在引导城市人口和城市产业的合理布局,推动已列入城市更新规划范围的已建用地的更新改造。适度提高中心地区和轨道沿线等地区的开发强度,促进土地资源的集约利用,引导用地结构优化,完善城市功能。严格按照相关管理法规、规定的要求进行适建区的管理和建设。以节约和集约用地为原则,依照规划合理安排适建区内规划建设用地的建设规模和时序。

二、其他适建区控制指引

其他适建区为远景控制建设用地,是以城市总体规划确定的建设规模为限定条件,综合考虑地区的发展,在生态安全和环境友好的前提下确定的用地范围,作为远景城镇建设的发展备用地,规划期限内应严格控制,主要为省、市级以上重大项目预留,具体指标落实则以分区规划与控制性详细规划等法定规划为准。

远景控制建设用地设定的启用条件为：

（1）经规划实施评估，确定规划城镇建设用地使用已达80%以上，无法满足重大项目的建设要求的情况下方可启动。

（2）远景控制建设用地的启用应满足集约节约的建设要求，禁止零星建设，确保城镇空间的完整性和基础设施的共享性。

第四节　武汉市生态空间体系控制指引

在制定禁、限、适建区分区控制策略的基础上，为确保对生态框架体系的维护，规划结合生态框架构成的核心要素——"环、楔、轴"的相应功能，分别对"六楔、两环、两轴"提出控制指引。

一、生态绿楔控制指引

规划针对六大生态绿楔的主要特征和问题，结合绿楔的功能定位，分别对府河、武湖、大东湖、汤逊湖、青菱湖、后官湖生态绿楔提出控制指引。

1. 府河生态绿楔控制指引

府河生态绿楔空间范围主要涵盖府河两岸的湖群水系湿地以及东西湖柏泉风景区的大部分地区。具体范围北至宋家岗、刘店及滠口的适建区边界以及马家湖沿岸，南、西至东西湖柏泉，东接武湖生态绿楔，总面积约53km^2。包括府河和白水湖、童家湖、马家湖、任凯湖、墨家湖、盘龙湖、新教湖、汤仁湖、长湖、张斗湖、金潭湖、西汉湖等12个湖泊，以及任凯湖郊野公园、墨家湖郊野公园、盘龙城遗址公园、柏泉风景区等。

府河生态绿楔以府河及沿岸湖泊湿地的涵养保护功能为主，同时兼有城市郊野休闲游憩、文物保护展示等功能，适度发展滨水休闲活动，强化沿河、沿湖生态林带的建设，突出城市的滨水特色，严禁砍伐森林，保护水源、水体。

控制府河沿线的污水排放，通过生态林带的建设等修复工程措施，进一步改善府河水质。严格控制金银湖、盘龙湖等湖泊水体周边地区的建设，确保沿湖的绿地公共开敞性和景观层次。柏泉风景区要按风景区相关规定进行严格保护和管理，有效保护原生态自然资源，维持生物多样性，禁止开展其他生产经营性活动。

2. 武湖生态绿楔控制指引

武湖生态绿楔空间范围主要涵盖黄陂区三里镇和武湖农场生态园地及农业用地，具体范围北至黄陂前川街和六指街边界，南接府河与长江，东临新洲区界，西至武汉北铁路编组站和

318国道，总面积约173km²。包括滠水及两岸水源涵养控制区、武湖蓄滞洪区、武湖生态农业园、天兴洲郊野公园、武湖、什子湖、小菜湖等。

武湖生态绿楔以现代都市农业生产为重点，以发展生态农业观光为主导功能，禁止开展其他生产经营性活动，严格控制建设用地对农用地和湖泊湿地的侵蚀和破坏。应充分运用农业生态工程和技术发展生态农业，确保基本农田保护区，农村居民点集中发展，节约用地，促进农业的规模化和产业化发展。

3．大东湖生态绿楔控制指引

大东湖生态绿楔空间范围主要涵盖新洲区的涨渡湖湿地保护区、七龙湖和洪山区白浒山、严东湖、严西湖、九峰城市森林公园以及东湖风景名胜区、沙湖，总面积约为148km²。大东湖绿楔主要包括严东湖、严西湖周边地区、九峰城市森林公园、武钢与化工新城之间的绿化防护隔离带，严东湖、严西湖、北湖、清潭湖、竹子湖、汪家湖、短咀里湖、狮子湖水库等河湖水系。

大东湖生态绿楔是以水上观光、森林观光为主的国家级风景名胜区和国家森林公园。绿楔内要严格保护水体、山体，重点加强区内的水体污染治理，严格控制污水排放、水体侵占，严格控制湖泊、山体周边的开发建设，严禁开山采石，加强绿化，促进水体、森林生态系统功能的恢复。周边建设用地的污水尾水排入沿长江的阳逻、龙口、左岭、青山北湖污水处理厂，尾水均应达到国家一级A排放标准。

涨渡湖湿地保护区严格保护自然生态资源，突出展现滨湖湿地景观，七龙湖地区则以适度发展休闲度假功能为主。东湖风景名胜区内按国家《风景名胜区条例》进行严格保护和管理，划定核心景区，严格保护原生态自然资源，维持生物多样性，除必要的基础设施和旅游设施外，核心景区内严禁各类与生态资源保护无关的开发建设活动。九峰城市森林公园、严东湖、严西湖以生态维育、水土涵养为主，可发展生态旅游、休闲游憩和生态农业，禁止进行其他生产经营性活动。东湖风景名胜区核心景区内的农村居民点逐步搬迁到城市建成区内，其余农村居民点结合新农村建设进行迁并。

4．汤逊湖生态绿楔控制指引

汤逊湖生态绿楔空间范围主要涵盖梁子湖水系牛山湖、豹獬湖、梧桐湖、龙泉山风景区、中洲岛、栗庙岛、汤逊湖郊野公园等，总面积约为178km²。

汤逊湖生态绿楔以风景旅游、生态农业生产、湿地及郊野公园为主导，需保护其原生生态环境和景观特色。严格控制建设与郊野休闲游憩无关的设施，同时适当控制游人量，保护好游览环境和设施。按规划必须进行建设的项目，以不削弱景物景源的自然性、艺术性为度，严禁砍伐森林，污染环境。梁子湖湿地自然保护区的核心区、缓冲区以及龙泉山风景区核心区范围内，尽快制定地方相关法规实施严格的管理，严禁一切与生态保护无关的开发建设活动。

5．青菱湖生态绿楔控制指引

青菱湖生态绿楔空间范围主要涵盖江夏区的后石湖、鲁湖、青龙山国家森林公园、大小长山、八分山系、大洪山系、神山湖、野湖郊野公园、青菱湖与黄家湖湿地公园、汤逊湖、红旗水库等，总面积约为196km²。

青菱湖生态绿楔以生态教育基地、湿地自然保护区、生态观光等功能为主。鲁湖湿地自然保护区的核心区、缓冲区范围内，按国家相关法规实施严格的管理，严禁一切与生态保护无关的开发建设活动，逐步迁出已有建设项目。在湿地保护区内，应以保护湿地生态景观、发挥湿地潜能、维护湿地生物多样性为指导思想，严禁围垦和随意侵占湿地，适度利用生物资源，保护重要的天然经济鱼类资源和其他水生生物的安全；逐步迁出农村居民点、退耕还林，保障湿地涵养水源，净化水质，调蓄洪水。

野湖和神山湖郊野公园范围内，严禁砍伐森林，保护水源、水体，保护其原生生态环境和景观特色，严格控制建设与郊野休闲游乐无关的设施；适当控制游人量，保护好游览环境和设施；按规划必要进行建设的项目，以不削弱景物景源的自然性、艺术性为度。

6. 后官湖生态绿楔控制指引

后官湖生态绿楔空间范围主要涵盖蔡甸区的后官湖郊野公园、索河风景区、九真森林公园和汉阳区的龙阳湖—墨水湖风景区等，总面积约为148km²。

后官湖生态绿楔以生态旅游、郊野公园、水土涵养功能为主。索河风景区内严禁砍伐，严格保护水源、水体、山体，严格保护原有景点、景物、景象的完整性，保护原有的景观风貌及空间环境；合理控制游人量，防止超饱和游览，避免和减少人为损坏；严禁建设与风景无关的设施，机动交通工具限制进入此区。后官湖郊野公园内，严格控制建设项目，选址、布局、高度、造型、风格、色调等应与周围景观和环境相协调，作为自然景观的补充和完善；应限制机动交通工具进入本区；适当控制游人量，保护好游览环境和设施；按规划必要进行建设的项目，以不削弱景物景源的自然性、艺术性为度；严禁砍伐森林、保护水源、水体。

二、两轴、两环控制指引

针对长江、汉江及东西山系生态轴，三环线生态内环和外环生态带的主要特征及问题，结合其承载的城市功能分别提出控制指引。

1. 两轴控制指引

长江轴为区域水道、城市风道、城市特色景观轴，主要功能是城市水源、城市通风廊道、城市特色功能。汉江及龟山、蛇山、洪山、九峰等东西山系形成的山水轴，主要功能是城市滨水绿色开敞空间、游憩等。

加强长江、汉江水源地的保护，严格禁止污染物、污水直接入江，保护水质，对码头进行规划引导，防止无序设置；重点加强长江、汉江两岸的环境整治，加强沿江防护林带和江滩公园等开敞空间的建设。对龟山、蛇山等东西向山体进行严格保护，结合山体建设城市公园，注重山体植被的维育，侵占山体的建设应退出并恢复山体绿化。

2. 两环控制指引

生态内环包括三环线防护林带及其沿线的中小型湖泊、公园，主要功能是主城区和外围新城及新城组团的生态隔离带，防止城市的无序蔓延。生态外环包括以外环防护林带为介质的外围生态农业区，具有整个城市外围与城市圈诸多城市的生态隔离功能。

生态内环可结合城市公园等发展游憩、生态科普等功能，其范围内应严格控制与生态绿化无关的建设，要严格保护植被和水体，已有的建设项目应外迁并恢复为绿地，现有农村居民点应外迁至建设区。生态外环可发展生态农业、生态观光等项目，严格保护基本农田，禁止发展对环境污染的制造业、采矿业等项目，该范围内的农村居民点可结合新农村建设进行迁并。

第十章 武汉市生态空间保护的实施机制

为落实禁限建分区划定与空间管制策略，需制定相应的实施保障机制，并研究探讨一套禁限建区内的项目准入程序，以期实现生态空间体系保护的法理化。

第一节 实施保障机制研究

一、建立生态控制线管理制度

以禁、限建分区为基础，建议进一步划定生态控制线，建立生态控制线管理制度，保障生态空间体系的完整性。

1．开展生态本底调查，确定生态控制线范围

进一步开展全市范围内的生态本底调查，在更大比例尺的工作平台上对主要生态斑块、生态廊道进行调查和鉴定，以保证对生态功能的保护和改善。不断完善和更新生态资源的资料信息，利用GIS等技术手段建立生态资源的监测和管理信息平台。

在对武汉市生态空间格局全面调查的基础上，从整体的角度出发，确定生态控制线的范围，同时对生态控制线范围内的生态资源进行评价和分区。通过在空间上统筹和串联生态控制线内的各类资源，以及联系和呼应线内外各种城市功能，更有效地发挥线内资源对城市的整体服务功能。

2．加大宣传力度，加强生态控制线的法律法规建设

在全市范围内，通过广播、电视、报纸、书刊杂志、宣传画册、学校教育等多种手段，努力提高全民生态环境保护意识，特别对生态控制线范围内的群众加强宣传教育，强化生态控制线保护的市民参与。通过举办环保讲座和环境展览向市民示范规范化的环境行为、传播生态控制线的知识和信息。

加强生态控制线的法律法规建设，提供可供操作的法律依据。制定更为详细的生态控制线管理规定和相关政策，并上升为地方法规，纳入武汉市生态保护的整体制度框架。对于破坏生态控制线的行为，要依法追究其责任。

3．强化机构建设，加强生态控制线的管理工作

启动生态控制线范围内的生态资源动态监测工作，进一步加深对生态控制线的认识，在

长期细致工作的基础上，建立武汉市生态控制线数据库，提高生态控制线的管理效率。

建立武汉市生态控制线的管理机构与管理制度。成立专门的生态控制线管理机构，由市政府直接领导，负责生态控制线的监督管理工作，同时负责生态绿楔的保护和管理。管理机构的人员组成应涵盖规划、国土、环保、发改委、水务、农林渔业、城管等专业部门，建立针对生态控制线的各项管理制度，同时由分工明确的专人负责，以便有组织地开展生态控制线范围内的保护工作。

建立有公众参与的环境监督机制，让市民积极参与到城市生态控制线的保护与管理中。定期向市民公布生态控制线内的资源调查报告，组织市民开展保护生态控制线的公益活动，积极向市民宣传相关的法律、法规和科普知识。

二、建立生态补偿机制

武汉市生态空间体系保护范围内的区域承受着较为严格的产业发展限制，为承担生态保护责任而牺牲了部分"发展权"，理应得到合理的补偿。生态空间保护地区生态环境所产出的利益并不仅仅覆盖本地区，更覆盖武汉市域及周边地区，因此对该区域在生态环境保护和建设中所投入的人力、物力、财力必须给予相应的补偿，必须通过一定的政策扶持和财政转移手段，建立起针对生态空间体系保护的行之有效的生态补偿机制。武汉市委政研室在《武汉市生态补偿机制研究》的成果中，提出四项补偿原则，两类补偿主体，并重点提出三类补偿的重点区域及方式。

1. 补偿原则

（1）区别补偿原则

从整个规划面积来看，武汉城市生态用地占都市发展区用地面积的近2/3。基于当前武汉市的经济发展水平，不可能对这么大面积的范围全部实行均等式补偿。因此，在补偿的过程中，必须有所侧重，区别对待。相对于限建区，应对禁建区实行重点补偿。而在禁建区内，则要对在生态用地建设中作出更大利益牺牲的地区有所侧重地进行补偿。

（2）综合补偿原则

生态补偿是一个系统工程，单纯的经济补偿方式达不到实现生态用地区域可持续发展的目的。应探索综合运用财政政策、产业政策、基金投入、引导社会投入等多种补偿手段，实施生态补偿。这样可以大大增强补偿的适应性、灵活性和弹性，增强补偿的针对性和有效性，调动全社会保护和建设生态用地的积极性。

（3）补偿与改革相结合原则

作为全国"两型社会"综合配套改革试点城市，武汉在经济社会发展诸多领域有着先行改革、先行试验的权利。应充分利用综合配套改革试验的先行先试权，大力推进土地利用、政绩考核、社会事业发展等方面的体制机制创新，引进更多的市场主体参与生态补偿，切实建立起有利于城市生态用地建设和经济社会协调发展的市场化的生态补偿机制。

（4）补偿与发展相结合原则

生态补偿的最终目的是为了生态用地区域的协调和可持续发展。因此，要将生态补偿与区域经济社会发展结合起来，不仅要在经济方面给予补偿，更要在大力扶持产业发展上下功夫，大力发展现代都市农业、精致农业、生态旅游观光业等适合生态用地区域自身特色和生态用地建设要求的"两型"产业，实现生态建设与区域经济社会协调发展"双赢"的目标。

2. 补偿主体

补偿主体是指那些从生态用地建设和环境保护中获益的单位和个人，以及对生态环境造成影响的单位和个人，他们都有义务和责任来筹集资金，实施补偿。根据补偿主体的性质，我们将武汉城市生态建设补偿主体分为两大类：

（1）政府补偿

由政府作为补偿的主要承担者来对补偿对象进行补偿，即各级政府通过非市场途径进行补偿，比如直接给予财政补贴，财政转移支付，财政性基金补助，税收减免。就武汉城市生态用地建设来讲，政府补偿应占据补偿的主导地位，而且，在以后相当长的时间内，政府仍将是补偿的主要承担者。这是因为，由于生态环境资源的公共性和外部性，受益者分布范围很广，但若要一一找出受益者并使其主动进行生态补偿则很难，实施成本较高，而且也不现实。此外，环境保护是一项公益事业，关乎全社会的利益和发展，所以政府有义务来挑起担当补偿主体的重任。

（2）相关经济组织补偿

主要由对武汉生态环境资源造成损害和不良影响的基本建设项目、技术改造项目、区域开发建设项目的单位和个人以及从生态用地建设、环境保护中获利的单位和个人等进行补偿，具体可分为以下三种：

1）由开发、利用生态环境资源者进行补偿。开发利用生态环境资源，一方面占有了资源的固有价值，另一方面对生态环境造成一定的损害，无论从哪一方面都应该缴纳一定的补偿费用。特别是绿楔区域内已建成的企业，由于直接侵占了生态环境资源，应缴纳生态补偿费。

2）由生态破坏或环境污染者承担补偿。从资源利用角度讲，这类活动不仅会造成生态环境资源的固有价值减少，另一方面会对其他经济主体造成一定的外部不经济性，因此也应支付相应的补偿费用。

3）从生态用地建设中获益的单位和个人也应该根据其获利大小进行补偿。

理论上，补偿主体都应该积极主动对补偿对象进行补偿。当前，由于条件有限，由政府担当补偿主体只是不得已的权宜之计。若从长远考虑，要建立科学合理的补偿机制，就必须充分运用排污权交易制度等市场补偿机制，以缓解政府补偿的压力，实现生态补偿的常态化、制度化和市场化。

3. 补偿的重点区域及方式

由于生态用地建设侧重于生态环境保护，势必对区域经济发展造成一定影响，因此，理论上讲，生态用地建设所涉及的所有区域都应该进行补偿。但是，考虑到当前经济发展的局限性，现阶段还达不到均等式补偿的程度，按照我们确立的补偿基本原则，应该对重点区域实施分类式补偿。

考虑到相比于禁建区，限建区将实行较为宽松的生态保护和控制开发措施，因此，我们认为现阶段对限建区不实施补偿，重点对禁建区区域实施生态补偿。综合实地调查的结果，初步分为以下三类进行补偿：

（1）比较偏远的区域，给予"生活补助+产业扶持"补偿

主要针对六大生态绿楔的外围区域，这些地区远离武汉主城区，目前大部分仍以农业用地为主，居民也大多从事传统的农业生产。考虑到在通常情况下，城市生态用地建设主要是限制部分工业发展，不会破坏与绿地兼容的地面附着物，也不会影响农林业生产，因此，客观地讲，生态用地建设对这些地区目前的经济社会发展基本上没有影响。

但是，着眼于更加长远的未来，要持久推进生态用地建设，长期保护这些地区的生态环境，就应对这些地区的农民实施发展权受损补偿。深圳在这个方面作出了积极的探索。深圳在生态用地建设过程中，对被誉为深圳最后"桃花源"的大鹏半岛发放居民生态保护专项基本生活补助。具体做法是：参照深圳市最低生活补助线标准，对大鹏半岛原村民每人每月发放基本生活补助费500元；暂定补偿时间为4年。比照深圳的做法，应参照武汉市最低生活补助线标准，由市财政列出专项，对这个区域的农民发放生态保护专项基本生活补助。考虑到深圳举措的不延续性（补偿时间仅为4年），我们可以基于临近区域来计算这一区域农民在发展权上受限制的补偿额度。具体而言，就是利用相邻区域居民的人均可支配收入和生态用地建设区域人均可支配收入对比，估算出相对相邻区域居民收入水平的差异，从而反映发展权的限制可能造成的经济损失，作为补偿的参考依据。

同时，大力扶持这些地区进行产业优化升级。从调查的情况看，这些区域内产业结构还不够完善，产业层级较低，还处于较原始的农业手工耕作阶段，大部分农业生产还是靠肩扛、手提、锄挖、畜耕。在当前世界经济社会大生产和大协作背景下，这种零散的、粗放的、无组织的传统农业生产模式显然不能适应形势的发展。因此，应充分抓住当前推进生态用地建设的有利时机，实施更加积极的产业调整政策，引导村民转变经济发展方式。鼓励其依据自身产业布局特点和主要路网环境，依托城市的资金、科技、人才、信息和市场优势，调整农业产业结构，优化农业产业布局，积极发展特色种植业、先进园艺业、集约畜牧业、高效水产业、发达的农产品加工业和生态休闲观光农业，提升产业发展水平，实现区域的协调可持续发展。

（2）开发潜力较大的区域，给予"生活补助+土地建设指标"补偿

综合各区的调研情况，我们认为受城市生态用地建设影响最大的是一些临近城市边缘，且具有较大开发潜力的区域。

由于生态用地建设的特殊性（面积较大且由于地处城市近郊，土地社会成本较高），对土地收益损失进行直接的经济补偿是极其不现实的，市财政也无力承受如此巨额的补偿。考虑到区级经济发展的需要，并结合当地的实际情况，我们认为对这些区域应采取"生活补助+土地建设指标"的补偿办法。

1) 对居民发放生活补助。相比于偏远地区而言,这些区域居民受生态用地建设的负面影响更为深远。例如,据调查,与周边地理位置相近的洪山区相比,东湖生态旅游风景区内农民人均收入明显偏低,有些甚至达到1~2倍的差距(表10-1)。因此,为了顺利推进生态用地建设,应对村民实施生态补偿,其补偿标准应不低于武汉市最低生活补助线标准。

居民收入比较　　　　　　　　　　　　　　　　　　　　　　　表10-1

区名	村名	2007年(元)	2008年(元)
东湖生态旅游风景区	鼓架村	5300	6300
	建强村	5091	5280
洪山区	马湖村	13000	15000
	铁机村	15000	17800

资料来源:武汉市统计年鉴

2) 对所在区政府实施土地建设指标补偿。在调研过程中,相关区政府提出的最迫切的要求就是希望给予适当的土地建设指标补偿,以增强区级经济发展后劲。从长远来看,这也是切实增强这些地区造血功能的有效途径。因此,建议在这些区域实施土地指标建设补偿办法:第一种是充分利用完善的基础设施布局,建议准予在原址进行开发建设,但要符合生态空间体系保护规划的产业控制要求;第二种是如果受规划限制、无法在原址进行开发建设的,建议在区内其他地方按照绿楔面积的一定比例增加建设用地指标。

(3) 开发殆尽的区域,给予企业搬迁补偿

由于开发时间较早,这些区域的土地资源已经基本开发殆尽,因此不存在土地收益损失补偿的问题。同时,由于自身已经形成了较好的经济发展能力,居民收入水平相对较高,亦不存在对居民生活补贴的问题。对这些区域而言,需要考虑的是对一些不符合生态用地建设规划要求的工业项目实施搬迁或整改所产生的补偿问题。由于历史原因,这些区域存在大量在建、已建的项目,其中一些项目与城市生态用地功能不兼容。在进行城市生态用地建设时,应对这些在建、已建的与城市生态用地不兼容的项目进行清理和调整,对企业发展会造成一定损失,应给予相应的补偿。

对于这方面的补偿,可以参照《武汉市人民政府关于加快推进我市三环线内化工生产企业搬迁整治工作的意见》(武政[2008]50号)中对化工企业搬迁的做法,对企业作出适当补偿。对绿楔内持有国有土地权证需要搬迁的企业,市政府在其原址土地的增值收益上予以支持。搬迁企业土地调整规划后出让的政府净收益,按国家规定扣除支农资金、廉租房建设资金外,其余部分由各区人民政府统筹用于支持企业搬迁。对实施搬迁的企业,市、区各有关部门在办理有关手续时,都应积极支持从优从快办理,并减免有关手续费。对实施搬迁且符合有关政策条件的企业,市发改委、市经委、市科技局等部门在安排有关财政专项资金时优先给予支持。

三、促进生态社区建设

1. 以生态理念指导城市社区和农村建设

社区是城市社会发展的基础，因此武汉市生态空间体系保护的基础在于良好的社区环境。建设生态社区的策略可有效化解城市发展对生态环境的破坏，从而促进城镇化与生态环境的协调发展。武汉市生态空间体系保护，应引进新型的社区管理和服务模式，从社区绿色功能配置、社区绿色宣传、居民绿色生活服务等方面开展工作，以社区为平台将生态观念渗透到社会生活的各个方面，形成一个良好的生态社会的氛围，发展生态型的社区。生态社区是指以生态理念为指导，以人与自然的和谐为核心，以现代生态技术为手段，设计、组织城市社区内外的空间环境，高效、少量地使用资源和能源，营造一种自然、和谐健康、舒适的人类聚居环境。生态社区具有低的环境冲击性、高的自然亲和性、居住环境的舒适与健康性、经济的高效性以及社会和谐性等特征。

生态社区应是武汉市未来社区建设的主要模式，对于已建成的社区则在公共服务设施方面进行适度改造，促使传统社区向生态型社区的转变，将生态环境建设与社区发展良好地结合起来。生态社区的建设要建立以政府为主导的机制，积极引导各方面、各阶层的广泛参与，并着眼于社区实际，采取长期而整体的建设策略。通过生态社区和生态村的形式，探索生态建设与地方经济发展的互动机制。

建设生态社区就是要坚持"以人为本"的原则，以打造高效、节能、环保、生态平衡、健康舒适的居所为手段，完善基础设施、服务设施，有效利用城镇资源、能源，大力开展文化活动，建立健全城镇环保制度和群众性的环境监督管理体系，倡导绿色生活、绿色消费，倡导居民和谐共处，改善居住环境，提高居民生活质量，达到人与人、人与自然、人与社会的高度和谐。

2. 构建生态社区和生态村的环境评估指标体系

（1）生态社区建设的评估标准

从生态社区和可持续发展的理念出发，依据"以人为本、天人合一、环境健康、自然优美、生态文化、繁荣经济、人民康乐"的指导思想，从自然环境和人居环境两个方面构建武汉市社区的生态环境评价指标体系。在社区建设的过程中寻求自然、建筑和人三者之间的和谐统一，利用自然条件和人工手段创造一个有利于人们舒适、健康的生活环境的绿色生态社区，并以此来带动生态环境建设和社会经济的协调发展。根据生态社区创建的内容和要求，制定相应的生态社区创建标准、创建步骤和创建规划，并对生态社区的创建加以引导、督促、检查和验收，使生态社区成为可持续城市创建的主要内容。

根据生态社区规划设计与建设质量考评标准，从社区的区域特征和需求水平出发，主要选择社区能源系统、水环境系统、气环境系统、声环境系统、光环境系统、热环境系统、绿化系统、废弃物系统、绿色建筑材料等九个方面指标衡量社区的生态环境质量。

能源系统方面，要求绿色能源的使用量宜达到小区总能耗的30%（折合成电能计算）；

水环境系统方面，要求节约和循环使用水资源，节水器具的使用率应达到100%，污水处理率应达到100%，达标排放率应达到100%，建立中水系统和雨水收集与利用系统，使用量宜达到小区用水量的60%；气环境系统方面，要求生态小区内的室外空气环境质量宜达到国家二级标准，限制使用对臭氧层产生破坏作用的CFC11类产品，住宅中80%以上的房间应能自然通风；声环境系统方面，要求生态小区室外声环境应符合白天≤50dB、夜间≤45dB的标准，室内声环境应符合白天≤45dB、夜间≤40dB的标准；光环境系统方面，要求生态小区的道路照明应达到15-20LX，住宅80%的房间应能自然采光，住宅中所有房间无光污染，全部使用节能灯具；热环境系统方面，要求住宅外窗应采用双层玻璃，外窗的保温性能应符合《建筑外窗保温性能等级分级及其检测办法》的规定，其保温性能等级应不低于Ⅳ级，外窗的气密性应符合《建筑外窗空气渗透性能分析及检测办法》中的规定，其气密性等级不低于Ⅱ级，住宅的空调及热水供给宜利用太阳能、风能等绿色能源，推广使用空调、生活热水联供的热环境技术，空调设备的室内噪声等级不得大于35dB；绿化系统方面，要求绿地率≥35%，绿地本身的绿化率≥70%，集中公共绿地中的绿化用地面积≥70%，硬质景观中应使用绿色环保材料，种植保存率≥98%，优良率≥90%，提倡垂直绿化，小区绿地中的铺地与道路面积以15%-30%为宜，园林建筑及小品应利用节能、环保材料，特别是3R材料；废弃物管理与处置系统方面，要求按照资源化、减量化、无害化的原则，生活垃圾收集率应达到100%，分类率应达到70%，生活垃圾收运密闭率应达到100%，生活垃圾处理与处置率应达到100%，生活垃圾回收利用率应达到50%；绿色建筑材料方面，要求小区建设采用的建筑材料中，3R材料的使用量宜占所用材料的30%，建筑物拆除时，材料的总回收率应能达到40%，小区建设中不得使用对人体健康有害的建筑材料或产品，新建社区以生态社区建设标准执行，对于改造和完善社区则完善其人居环境生态指标。

(2) 生态村建设的基本内容

生态村是在自然村落或行政范围内充分利用自然资源，加速物质循环和能量转化，以取得生态、经济、社会效益同步发展的农业生态系统。生态村建设的基本内容主要包括五个方面：一是生态资源维护，即加强现有森林资源保护和建设，加速荒山荒坡的绿化，退耕还林，加强田地、湖泊、沟港防护林的保护和建设，退田还湖，保护湿地；二是产业结构调整，即种植业、养殖业、加工业配套发展，逐渐形成多层次、多途径循环利用的生态经济发展模式；三是改善生活能源结构，即推广家用沼气，解决农村生活能源，发展以沼气为纽带、家庭为依托的家庭生态经济，加强对人、畜饮用水的改造；四是田地开发与利用，即因地制宜地加强农田建设和水利工程建设，扩大旱涝保收面积，增施有机肥，推广秸秆还田，提高土地肥力，改良低产田地，挖掘土地生产潜力，研究推广土地、水面立体利用模式，如立体种植、立体养殖等，提高土地经济效益，推广合理耕作制度，协调用地与养地的矛盾；五是改善环境系统，即减少化学肥料的施用量，推行农作物病虫草害的综合防治，禁止使用高残留、高毒农药，控制一般农药的使用量，企业的污染物达标排放，控制并逐渐消除环境污染。

3. 生态社区试点规划——生态社区建设在全市范围的推广

生态社区试点规划是促进社会、经济与生态健康和谐发展的积极举措，有助于推动武汉市生态社区的建设与管理。生态社区试点规划的目的在于，结合城市生态建设发展和生态空间体系保护要求，针对存在的主要问题，提出社区近期发展的目标与行动计划。通过制度设计、系列政策的出台和具体项目的实施等，来推动生态社区的建设和管理。在进行生态社区试点规划之后，将有利于摸索出一套适合于武汉实际情况的生态社区规划工作方法，总结已有经验并在全市范围内推广。

因此生态社区规划主要包括以下几个阶段：

第一阶段：生态社区规划试点工作。选择典型社区进行深入系统的个案研究，"解剖麻雀"，寻求社区生态问题的症结所在及解决问题的方案，积累生态社区规划编制在组织方式、技术方法及实施上的必要经验。

第二阶段：制定社区规划编制技术及管理规定，有效指导武汉市生态社区规划工作的全面开展。

第三阶段：在全市范围内推进生态社区规划工作的有序开展。

四、建立公众参与制度

1. 公众参与原则

公正：行政机关在实施执法行为过程中平等对待各方当事人，排除各种造成不平等或偏见的因素，减少政府决策的失误。

公平：实现公民对行政决策和执法行为行使"知"的权利。突出地方自治与民众的自我管理，保障弱势群体利益，使各方利益相关者都可以有反映自己的利益诉求的途径和方式。

参与：实现公民"为"的权利。提高公民对政府决策的参与和管理的主动性及广度。通过政府与市民社会之间的合作和互动，建立起一种伙伴关系。

效率：在保证公民利益的前提下，尽量简单、快速、低成本操作，提高政府的服务效率。

2. 阶段划分与公众参与形式

公众参与划分为3个阶段，其参与形式见表10-2。

公众参与形式　　　　　　表10-2

	参与阶段	参与形式
公众参与阶段	公众的知情权满足阶段	项目规划展览、广播、宣传、通知相关利益者、网络终端的便捷查询
	公众参与权满足阶段	听证会、座谈会、问卷调查、过程中的意见征询及直接参与、网络建设与意见征求
	公众意愿的完全体现阶段	项目过程中的公众直接参与或主持，公众组织项目规划或评价、实施中的公众监督委员会制度、建设热线、政府网站征求民众意见

3. 设立政府—非政府组织（NGO）—公众互动无障碍交流机制，保障公众参与的有效性

建立政府与公众之间的多方式和多渠道的联系，建设无障碍交流通道。

（1）从政府角色看

首先、政府需要转变观念，要让城市项目建设与决策更有效地吸纳公众的力量。目前来看，形成公众参与、专家论证和政府决策相结合的决策机制比较合理，只有这样才能保证决策的科学性和正确性。第二，政府也需要转变角色。政府是规则的制定者，更多地起到组织的作用。市场的发展，要求政府重视和尊重每一个利益主体的利益，即使是上级利益和下级利益、局部利益和整体利益发生冲突时，都需要以协调的思路来解决问题，以管治的理念替代传统的管理和行政命令的方式。第三，政府应设立专门的负责部门协调公众对生态保护的意见或建议。

（2）从普通市民角色看

市民需要不断提高其环境和生态意识。增加对城市建设、城市规划、城市环境等方面知识的了解，意识到城市建设和环境保护不仅是一种政府行为，更是一种公众行为，公众自始至终都是被服务的主体。要使城市建设活动和城市规划贴近每个城市居民的生活，公众就必须积极参与到城市建设与决策中来。

（3）从非政府组织和专业咨询机构角色看

公众还可以通过中介组织，更加有效地参与生态控制线管理。公民可以通过非政府组织或专业的咨询机构（咨询机构，武汉众多的高校、科研院所），形成更为科学强大的组织行使自己的参与权或管理权。因此，非政府组织或专业的咨询机构就可以充当普通市民参与生态控制线管理的中介，利用其专业知识和经验，可以向民众普及生态保护知识或政府的相关政策和规定。

五、立法保障

通过立法保障武汉生态控制线的严肃性和权威性，确立其编制程序、调整程序，明确规划生态控制线主管部门，并规定其负有的法律责任和管理义务。对于不按法律规定程序，对生态控制线做出违法行为的部门或个人应当追究其法律责任。立法保障主要体现在对生态控制线编制程序、调整程序、管理和责任追究的规定上。

六、建立动态监督机制

动员一切社会力量，建立生态控制线的动态监督机制。由市规划主管部门负责运用卫星遥感等技术手段对线内的建设情况进行监测，并将监测结果及时向市政府报告和向各区政府、街道办事处、城市管理综合执法部门通报，每半年一次通过媒体向社会公布监测结果；依法对线内新建和改造的建设项目实施规划管理；监督、指导、配合对线内违法用地、违法建筑的查处工作（表10-3）。

生态控制线动态监督机制主体及作用　　　　　　　　　　　　　　　表10-3

	动态监督机制
政府角色	设立主管部门或负责机构，对生态空间体系保护范围内的资源利用、建设情况的摸底调查；对控制线内建设情况进行监测，并协调处理来自其他社会力量的监督，并对违规、违章建设进行公示；以半年为一周期，对社会公布控制线监测结果。
媒体力量	利用其对社会灵敏的触觉、快速的反应和社会影响，及时对控制线内的违规建设情况进行通报。
民众自下而上的监督	民众既可能是控制线内违规建设的主体，更有可能是控制线的有力的捍卫者。鼓励民众对涉及到自身利益的控制线内的建设行为进行举报或监督，并通过一定的途径向政府或媒体反映问题。捍卫自身的合法利益，这也是生态控制线控制监督的基础。
企业	企业应随时加强控制线法律法规的学习和认识，避免开展与控制线相违背的建设活动，既是对可持续发展的认识，也是一种社会责任的体现。
技术支持	通过卫星影像或遥感分析，客观地周期性地对生态控制线内的建设活动进行监控，给决策者和规划者提供有力的技术支撑。

第二节　相关程序设定

一、规划编制审批程序

（1）市城乡规划主管部门组织编制生态空间体系（禁、限建区）保护规划，形成生态控制线建议方案；

（2）规划方案经专家咨询、论证后，报市环保、林业、农业等相关职能部门（如涉及在水源保护区范围内建设的项目须报市水务部门审查，涉及在自然保护区和森林公园范围内建设的项目须报市林业部门审查，涉及在风景名胜区范围内建设的项目须报风景区管理委员会和旅游管理部门审查，涉及在文物保护区、文物建设控制地带范围内建设的项目须报市文物主管部门审查等）及相关区政府；

（3）市城乡规划主管部门对规划方案进行公示；

（4）规划方案报市规划委员会审议，审议通过后报市政府批准；

（5）审批方案在市主要新闻媒体和政府网站上予以公布。

二、规划调整程序

《生态空间体系保护规划》每5年进行一次系统性的修订，同步修订生态控制线，调整和完善生态控制线的范围界线。

因国家、省、市重大建设项目需要，如确需调整生态控制线需按照以下程序进行：

（1）项目主体向市人民政府提出申请调整生态控制线理由和建议修改方案；

（2）市城乡规划主管部门依据国家、省、市重大建设项目相关文件，依法组织编制生态控制线调整方案；

（3）调整方案经专家咨询、论证后，报市环保、林业、农业等相关职能部门（如涉及在水源保护区范围内建设的项目须报市水务部门审查，涉及在自然保护区和森林公园范围内建设的项目须报市林业部门审查，涉及在风景名胜区范围内建设的项目须报风景区管理委员会和旅游管理部门审查，涉及在文物保护区、文物建设控制地带范围内建设的项目须报市文物主管部门审查等）及相关区政府；

（4）市城乡规划主管部门对规划方案进行公示；

（5）规划方案报市规划委员会审议，审议通过后报市政府批准；

（6）审批方案在市主要新闻媒体和政府网站上予以公布。

三、建设项目准入程序

需进入生态控制区（禁、限建区）范围内的建设项目，应由项目主体提出申请，报经市城乡规划主管部门同意后，组织编制建设项目选址论证报告。选址论证报告经专家咨询、论证后，征求市环保、林业、农业等相关职能部门及区政府意见。

经选址论证符合禁限建区管控政策的建设项目准许进入生态控制区，按照选址论证报告提出的相关控制要求组织编制建设项目的详细规划，并依相关程序进行项目建设。

经选址论证确定建设项目对生态环境有较大影响，不符合禁限建区管控政策的建设项目，不允许进入生态控制区。因特殊原因确需进入生态控制区的国家、省、市重大项目，可参照调整生态控制线程序进行。

结 语

生态空间体系规划是在当前快速城镇化进程中，探讨如何守住城市空间发展"底线"，实现真正意义上可持续发展的一项重要课题，也是城市规划向城乡规划转型过程中需要付诸高度关注和切实行动的一个非常重要的规划内容。

本书中列举了大量国内外典型城市生态空间规划的案例，有针对性地、系统地总结了城市生态空间布局的基本模式，并进行了分析比较，希望为生态空间体系规划编制和管理提供一个较为全面的借鉴。但是，城市生态空间体系的各类模式并没有非此即彼的排他性选择，在体系完整的前提下，最为关键的就是如何选择一个和当地的城市生态资源特点及城市空间格局相匹配的结构模式，从而规划构建起科学合理的城市生态空间体系。

然而对于一个特大城市而言，仅仅构建一个完善的生态空间体系是不够的，城市生态空间体系得以保护的最关键之处在于管理实施。本书中对生态空间体系的空间管控策略和实施保障机制作了较为深入的研究和探索，试图将合理的体系构建与弹性、差异化的政策应对紧密地结合起来，形成一套对城郊结合地区"建"、"非建"与"限建"的可实施采纳的空间管控导则，有效指导城镇空间的扩展。

在整个规划研究过程中，我们采用了诸多生态规划方面先进的理念和技术方法，例如城市生态承载力的评价方面，采用了生态足迹的测算方法；在城市生态敏感性的评价方面，采用了GIS技术进行了多因子综合分析；在空间发展的预测方面，采用了CA模型（元胞自动机）进行模拟。新的技术手段的运用，使我们对城市空间形态有了一个准确的、量化的数据基础，增强了规划编制的科学性，同时，也验证了新技术在生态空间体系规划技术流程中的可行性和必要性。

以上是我们在武汉市生态空间体系保护研究中的重要尝试，期望在迎接"两型社会"综合配套改革试验区建设的机遇与挑战下，武汉生态空间保护利用的研究与实践所总结的范式和经验能够充分发挥其应有的作用，为武汉城市空间健康可持续发展作出应有的贡献。

但是，城市生态空间仅只是城市生态系统中的一个组成部分，生态系统是一个复杂的巨系统，绝非简单的森林、山体和水面空间，生态空间只是完成生态循环的一个空间载体，因此生态空间不能简单代替生态系统。本书在研究过程中，着力点在于对生态空间体系的规划构建和空间管控政策的制定两个影响城市空间有序拓展的主要矛盾进行深入的研究和讨论，主要是解决城市生态空间体系构建和空间保护与管控的问题。应该说如果要保护一个真正意义上完善的生态体系，还有相当巨大的工作空间和范畴，未来，可以继续针对城市生态体系中生态环境要素综合治理、生态环境维育和修护、低碳和循环经济系统的建设、生态基础设施建设等方面进行更加深入的探讨，为促进城市可持续发展提供充足的研究支撑。

参考文献

[1] R. G. Bailey Explanatory supplement to ecoregions map of the continents with separate map at 1:30000000 [J]. Environmental Conservation, 1989 (16): 307~309.

[2] C. A. Doxiadis Ecology and Ekistics[M]. London: Elek Books Ltd, 1977.

[3] J. Cairns, P V. McCormick, B. R. Niederlehner A proposed framework for developing in dicators of ecosystem health [J]. Hydrobiologia, 1993 (263): 1444.

[4] D. I. Carey Development based on carrying capacity[J]. Global Environmental Change. 1993, 3 (2): 140~148.

[5] Colin McMulltan. Indicators of urban ecosystems health [EB/OL]. 2000. Ottawa, 2000-09-19, http://www.idrc.ca/ecohealth/indicators.html.

[6] R. Costanza L. Cornwell The 4P approach to dealing with scientific uncertainty [J]. Environment, 1992 (34): 12~20.

[7] R. Costanza, R. D'Arge, De Groot, et al. The Value of the World'S Ecosystem Services and Natural Capital [J]. Nature, 387 (15): 253~260.

[8] R. Costanza, B. Norton B. J. Haskell Ecosystem health: new goals for environmental management [M]. Washington: Island Press, 1992..

[9] G. C. Daily Nature'S Service: Societal Dependence on Natural Ecosystems[M]. Washington D C: Island Press, 1997.

[10] L. Fahey, R. M. Randal Learning from the future: competitive foresight scenarios[M]. New York: Wiley, 1998.

[11] R. T. T. Forman Land mosaics: the ecology of landscapes and regions[M]. Cambridge: Cambridge University Press, 1995.

[12] D. Gordon Green cities: ecologically sound approaches to urban space[M]. Montreal: Black Rose Books, 1990.

[13] M. Gordon Irene, Nature function [M]. Spinger Verlag. New York: 1992.

[14] T. E. Graedel Allenby B R. Industrial ecology[M]. Englewood Cliffs, New Jersy: Prentice Hall, 1995.

[15] J. Grinnell The niche-relationships of the California thrasher[J]. Auk, 1917 (34): 427~433.

[16] T. Hancock Urban Ecosystem and Human Health. A paper prepared for the Seminar on CIID—IDRC and urban development in Latin America, Montevideo, Uruguay[EB/OL], 2000. http: // WWW. idrc. ca/lacro/docs/mnferencias/hancock. html.

[17] G. E. Hutchinson Concluding Remarks [J]. Cold Spring Harbor Sym Quant, 1957 (22) : 66~77.

[18] Irmi Seidl, Clem A Tisdell. Carrying capacity reconsidered: from Malthus' population theory to cultural carrying capacity [J]. Ecological Economics, 1999 (31) : 395~408.

[19] John Barrett, Anthony Scott. The Ecological Footprint: A Metric for Corporate Sustainability[J]. Corporate Environmental Strategy. 2001, 84 (4) : 316~324.

[20] P. J. Johnes. Evaluation and management of the impact of land use change on the nitrogen and phosphorus load delivered to surface waters: the export coefficient modeling approach[J]. Journal of Hydrology, 1996 (183) : 323~349.

[21] J. Kahn, A. J. Wiener. The year 2000: a framework for speculation on the next 33years [M]. New York: Mac Millan Press, 1967.

[22] A. Leopold Wilderness as land laboratory[J]. Living Wilderness, 1941 (7) : 3.

[23] E. Lowe S. R Moran, D. B. Holmes. Field book for the development of eco industrial parks [M]. Oakland, CA: Draft, 1998.

[24] H. Miyano Identification model based on the Maximum information entropy principle[J]. Journal of mathematical psychology, 2001 (45) : 27~42.

[25] E. P. Odum Fundamentals of ecology (3rd ed.) [M]. Sanders, Philadelphia. Thomson Learning, 1971

[26] A. D. Pearman. Scenario construction for transportation planning[J]. Transportation

[27] Planning and Technology, 1988 (7) : 73~85.

[28] D. J. Rapport, et al. Ecosystem health. library of congress cataloging—in—publication data [M]. Inc. USA: Blackwell Science, 1998.

[29] D. J. Rapport. What constitutes ecosystem health[J]. Perspective in Biology and Medicine, 1989 (33) : 120~132.

[30] D. J. Rapport, G. Bohm, D. Buckingham, et al. Ecosystem health: the concept, the ISEH, and the important tasks ahead[J]. Ecosystem Health. 1999 (5) : 82~90.

[31] A. Renyi On measures of information and entropy. Proceedings of the Fourth Berkeley Symposium on Mathematics[J]. Statistics and Probability, 1961 (1) : 54.

[32] G. Ringland. Scenario planning: managing for the future[M]. New York: John Wiley, 1998.

[33] R. Register. Ecocity: Berkeley[M]. Atlantic: North Atlantic Books, USA, 1987.

[34] H. Shear. The development and use of indicators to assess the state of ecosystem health in the Great Lakes [J]. Ecosystem Health, 1996 (2): 241~258.

[35] Y. Shiftan, S. Kaplan, S. Hakkert. Scenario building as a tool for planning sustainable transportation system[J]. Transportation Research. D, Transport and Environment, 2003, 8 (5): 323~342.

[36] D. L. Tennant. Instream flow regimens for fish, wildlife, recreation, and related environ mental resources [c]. In: Orsborn J F, Allman C H. Proceedings of symposium and specility conference on instream flow needs II. American Fisheries Society, Bethesda. Maryland. 1976, 359~373.

[37] D. P. van Vuuren Smeets E M W. Ecological footprint of Benin, Bhutan, Costa Rica and the Netherlands [J]. Ecological Economics, 2000, 34 (1): 115~130.

[38] M. Wackernagel, L. Lewan, C. B. Hansson. Evaluating the use of national capital with the ecologicalfootprint—application in Sweden and subregions [J]. AMBIO, 1999, 289 (7): 604~612.

[39] 康晓光，马庆斌. 城市竞争力与城市生态环境[M]. 北京：化学工业出版社，2007.

[40] 苏伟忠，杨英宝. 景观生态学的城市空间结构研究[M]. 北京：科学出版社，2007.

[41] 杨培峰. 城乡空间生态规划理论与方法研究[M]. 北京：科学出版社，2006.

[42] 毕凌岚. 城市生态系统空间形态与规划[M]. 北京：中国建筑工业出版社，2007.

[43] 沈清基. 城市生态与城市环境[M]. 上海：同济大学出版社，2009.

[44] 骆天庆，王敏，戴代新. 现代生态规划设计的基本理论与方法[M]. 北京：中国建筑工业出版社，2008.

[45] 鞠美庭，王勇，孟伟庆，何迎. 生态城市建设的理论与实践[M]. 北京：化学工业出版社，2008.

[46] 刑忠. 边缘区与边缘效应——一个广阔的城乡生态规划视域[M]. 北京：科学出版社，2007.

[47] 杨志峰，徐琳瑜. 城市生态规划学[M]. 北京：北京师范大学出版社，2008.

[48] 杨志峰，何孟常，毛显强，鱼京善，吴乾钊. 城市生态可持续发展规划[M]. 北京：科学出版社，2005.

[49] 方创琳，鲍超，乔标. 城市化过程与生态环境效应[M]. 北京：科学出版社，2008.

[50] 马道明. 城市的理性——生态城市调控[M]. 南京：东南大学出版社，2008.

[51] 车生泉. 城市绿地景观结构分析与生态规划——以上海市为例[M]. 南京：东南大学出版社，2003.

[52] 唐继刚. 城市绿地规划的理论基础与模式研究[M]. 北京：中国环境科学出版社，2008.

[53] 王祥荣. 生态建设论——中外城市生态建设比较分析[M]. 南京：东南大学出版社，2004.

[54] 张浪. 特大型城市绿地系统布局结构及其构建研究[M]. 北京：中国建筑工业出版社，2009.

[55] （美）理查德·瑞杰斯特，沈清基，沈贻译. 生态城市伯克利：为一个健康的未来建设城市[M]. 北京：中国建筑工业出版社，2005.

[56] 王浩，王亚军. 生态园林城市规划[M]. 北京：中国林业出版社，2008.

[57] （美）彼得·卡尔索普，威廉·富尔顿，叶齐茂，倪晓辉译. 区域城市——终结蔓延的规划[M]. 北京：中国建筑工业出版社，2007.

[58] （英）迈克·詹克斯，伊丽莎白·伯顿，凯蒂·威廉姆斯，周玉鹏，龙洋，楚先锋译. 紧缩城市——一种可持续发展的城市形态[M]. 北京：中国建筑工业出版社，2004.

[59] （美）奥利弗·吉勒姆，叶齐茂，倪晓辉译. 无边城市—论城市蔓延[M]. 北京：中国建筑工业出版社，2007.

[60] （美）McHarg Ian L，芮经纬译. 设计结合自然[M]. 北京：中国建筑工业出版社，1992.

[61] 俞孔坚，李迪华，刘海龙. "反规划"途径[M]. 北京：中国建筑工业出版社，2005.

[62] 吴良镛. 人居环境科学导论[M]. 北京：中国建筑工业出版社，2001.

[63] 肖笃宁. 景观生态学研究进展[M]. 长沙：湖南科学技术出版社，1999.

[64] 傅伯杰. 景观生态学原理及应用[M]. 北京：科学出版社，2001.

[65] 邬建国. 景观生态学——格局、过程、尺度与等级[M]. 北京：高等教育出版社，2000.

[66] 宋永昌. 城市生态学[M]. 上海：华东师范大学出版社，2000.

[67] 王如松. 城市生态调控方法[M]. 北京：气象出版社，2000.

[68] 焦胜，曾光明，曹麻茹. 城市生态规划概论[M]. 北京：化学工业出版社，2006.

[69] 金以圣. 生态学基础[M]. 北京：中国人民大学出版社，1988.

[70] 康慕谊. 城市生态学与城市环境[M]. 北京：中国计量出版社，1997.

[71] 崔功豪，魏清泉，陈宗兴. 区域分析与规划[M]. 北京：高等教育出版社，1999.

[72] 戴天兴. 城市环境生态学[M]. 北京：中国建材工业出版社，2002.

[73] 高吉喜. 可持续发展理论探索——生态系统承载力理论、方法与应用[M]. 北京：中国环境科学出版社，2001.

[74] 海热提·涂尔逊. 城市生态环境规划——理论、方法与实践[M]. 北京：化学工业出版社，2005.

[75] 侯学煜. 中国自然生态区划与大农业发展战略[M]. 北京：科学出版社，1988.

[76] 马世骏，王如松. 复合生态系统与持续发展复杂性研究[M]. 北京：科学出版社，1993.

[77] 杨赉丽. 城市园林绿地规划[M]. 北京：中国林业出版社, 1995.

[78] 傅礼铭. 山水城市研究[M]. 武汉：湖北科学技术出版社, 2004.

[79] 郑卫民, 吕文明, 高志强, 张长发. 城市生态规划导论[M]. 长沙：湖南科学技术出版社, 2005.

[80] 黄光宇, 陈勇. 生态城市理论与规划设计方法[M]. 北京：科学出版社. 2002.

[81] 官学栋. 环境管理学[M]. 北京：中国环境科学出版社, 2001

[82] 郭怀成, 尚金城, 张天柱. 环境规划学[M]. 北京：高等教育出版社, 2001.

[83] 陆大道, 姚士谋等. 2006中国区域发展报告——城镇化进程及空间扩张[M]. 北京：商务印书馆, 2007.

[84] 刘奇志, 何梅, 汪云. 面向两型社会建设的武汉城乡规划思考与实践[J]. 城市规划学刊, 2009 (2)：31~37.

[85] 何梅, 汪云. "两型社会"背景下城郊分区规划编制模式探析[J]. 城市规划, 2009 (7)：16~20.

[86] 何梅, 汪云. 武汉城市生态空间体系构建与保护对策研究[J]. 规划师, 2009 (9)：30~34.

[87] 黄肇义, 杨东援. 国内外生态城市理论研究综述[J]. 城市规划, 2001 (1)：59~66.

[88] 陈建华. 中国国际化城市空间发展趋向批判[J]. 学术月刊, 2009 (4)：11~18.

[89] 王宇, 张旭辉. 区域经济发展模式及其支撑体系[J]. 商业时代, 2007 (1)：102~103.

[90] 俞孔坚, 李迪华. 论反规划与城市生态基础设施建设[J]. 杭州城市绿色论坛论文集, 北京：中国美术学院出版社, 2007.

[91] 马世骏, 王如松. 社会–经济–自然复合生态系统[J]. 生态学报, 1984, 4 (1).

[92] 罗志刚. 全国城镇体系、主体功能区与"国家空间系统"[J]. 城市规划学刊, 2008 (3)：1–10.

[93] 陈秉钊. 城市, 紧凑而生态[J]. 城市规划学刊, 2008 (3)：28~31.

[94] 沈清基. 城市生态规划若干重要议题思考[J]. 城市规划学刊, 2009 (2)：23~30.

[95] 罗震东, 张京祥. 中国当前非城市建设用地规划研究的进展与思考[J]. 城市规划学刊, 2007 (1)：39~43.

[96] 吕斌, 祈磊. 紧凑城市理论对我国城市化的启示[J]. 城市规划学刊, 2008 (4)：61~63.

[97] 方洪庆. 公众参与环境管理的意义和途径[J]. 环境保护, 2000 (12)：8.

[98] 向东. 略论城市生态规划[J]. 生态学杂志, 1988, 7 (1).

[99] 傅伯杰, 陈利顶, 刘国华等. 中国生态区划的目的、任务及特点[J]. 生态学报, 1999, 19 (5)：591~595.

[100] 高峻. 生态旅游: 区域可持续发展战略与实践[J]. 旅游科学, 2005, 19 (06): 68~71.

[101] 桂烈勇. 公众参与环境管理的理论与实践创新[J]. 青海环境, 2002, 12 (3): 125~127.

[102] 郭士梅, 牛慧恩, 杨永春. 城市规划中人口规模预测方法评析[J]. 西北人口, 2005 (1): 6~9.

[103] 郭秀锐, 杨居荣, 毛显强. 城市生态系统健康评价初探[J]. 中国环境科学, 2002, 22 (6): 525~529.

[104] 郭亚军, 潘建民, 李帅. 21世纪的城市——绿色城市[EB/OL]. 2006—10—05, http://www.lv-cheng.com/home/ShowArticle.asp?ArticleID=3.

[105] 郭颖杰, 张树深, 陈郁. 生态系统健康评价研究进展[J]. 城市环境与城市生态, 2002, 15 (5): 11~13.

[106] 郭中伟. 建设国家生态安全预警系统与维护体系——面对严重的生态危机的对策[J]. 科技导报, 2001 (1): 54~56.

[107] 何孟常, 万红艳, 吴波音. 城市问题及城市范式变迁[J]. 城市问题. 2004 (6): 2~6, 75.

[108] 何萍, 高吉喜, 潘英姿等. 生态城区规划的原则与方法——以北京市朝阳区为例 [J]. 环境科学与管理, 2007, 32 (1): 1~4.

[109] 黄玮. 中心·走廊·绿色空间——大芝加哥都市区2040区域框架规划. 国外城市规划[J], 2006 (4): 46~52.

[110] 何永. 理解"生态城市"与"宜居城市"[J]. 北京规划建设, 2005 (2): 92~95.

[111] 和丽萍, 陈静, 佟庆远等. 滇池湖滨生态村建设规划方案研究[J]. 生态经济, 2005 (5): 293~296.

[112] 侯爱敏, 袁中金. 国外生态城市建设成功经验[J]. 城市发展研究, 2006, 13 (3): 1~5.

[113] 胡廷兰, 杨志峰, 何孟常等. 一种城市生态系统健康评价方法及其应用[J]. 环境科学学报, 2005, 25 (2): 269~274.

[114] 胡廷兰. 2005. 基于生态规划的城市生态调控研究[D]. 北京: 北京师范大学环境学院.

[115] 胡序威. 沿海城镇密集地区空间集聚与扩散[J]. 城市规划, 1998 (6): 22~28.

[116] 黄肇义, 杨东援. 未来城市理论比较研究[J]. 城市规划汇刊, 2001 (1): 1~7.

[117] 黄肇义, 杨东援. 国内外生态城市理论研究综述[J]. 城市规划, 2001 (1): 59~66.

[118] 李锋, 王如松. 中国西部城市复合生态系统特点与生态调控对策研究[J]. 中国人口. 资源与环境, 2003 (6): 72~75.

[119] 李凤娟. 浅谈环境信息公开与环境管理[J]. 内蒙古环境保护, 2003, 15 (1): 46~48.

[120] 李华中. 人口预测的一种综合分析方法[J]. 江苏石油化工学院学报, 1999, 11 (2): 52~55.

[121] 李先进, 焦杰, 张文和. 生态人居环境建设刍议[J]. 重庆建筑大学学报, 2001 (2): 31~34.

[122] 龙爱华, 张志强, 苏志勇. 生态足迹评价及国际研究前沿[J]. 地球科学进展, 2004, 19 (6): 97~98.

[123] 王祥荣, 王平建, 樊正球. 城市生态规划的基础理论与实证研究以厦门马銮湾为例[J]. 复旦学报（自然科学版）, 2004, 43 (6): 957~966.

[124] 王祥荣. 论生态城市建设的理论、途径与措施——以上海为例[J]. 复旦学报（自然科学版）, 2001 (4): 351~356.

[125] 张泉, 叶兴平. 城市生态规划研究动态与展望[J]. 城市规划, 2009 (7): 51~58.

[126] 国务院. 城乡规划法[R]. 2008.

[127] 国务院. 全国生态环境建设规划[R]. 1998.

[128] 国务院. 全国生态环境保护纲要[R]. 2000.

[129] 国家环境保护总局. 生态功能保护区规划导则（试行）[R], 2001, http://www.zhb.gov.cn.

[130] 国家环境保护总局. 生态功能区划技术暂行规程[R], 2002a, http://www.zhb.gov.cn.

[131] 国家环境保护总局. 全国环境优美乡镇考核验收规定[R]. 2002b.

[132] 国家环境保护总局. 小城市环境规划编制技术指南[R]. 北京: 中国环境科学出版社. 2002.

[133] 国家环境保护总局. 生态县、生态市及生态省建设指标（试行）[R]. 2003.

[134] 国家环境保护总局. 生态县、生态市建设规划编制大纲（试行）[R], 2004, http://www.f1555.fagui/all/law2004/200703/137465.html.

[135] 武汉市城市规划设计研究院. 武汉市城市总体规划（2010~2020年）, 2006.

[136] 武汉市城市规划设计研究院. 武汉市新城组群分区规划（2007~2020年）, 2008.

[137] 武汉市城市规划设计研究院, 中国城市规划设计研究院深圳分院. 武汉市生态空间体系保护规划, 2008.

[138] 武汉市城市规划设计研究院. 武汉市城市绿地系统规划（2003~2020年）, 2003.

[139] 武汉市城市规划设计研究院. 武汉城市圈"两型"社会建设综合配套改革试验区空间规划, 2008.

[140] 武汉市城市规划设计研究院. 武汉市水系规划, 2008.

[141] 北京大学深圳研究生院环境与城市学院. 武汉市生态环境容量分析与生态城市建设研究, 2005.

[142] 武汉市环境保护科学研究院. 武汉市城市生态环境容量研究, 2005.

[143] 武汉市环境保护科学研究院，武汉大学测绘遥感信息工程国家重点实验室．武汉城市气候改善与宜居环境优化研究，2005

[144] 余庄等．华中科技大学建筑与城市规划学院．武汉城市气候改善与宜居环境优化研究，2005

[145] 詹庆明等．武汉大学城市设计学院．武汉后官湖生态新区发展规划之生态环境容量及资源承载力专题研究报告，2008

[146] 张河山等．武汉市委政策研究室．武汉城市生态绿地规划实施及补偿机制研究，2009

[147] 周一星，唐子来．国外城市化发展模式和中国特色的城镇化道路．中央政治局第二十五次集体学习材料，2005．

[148] 生态文明，百度百科词条，2009

[149] 汪光焘．认真学习《城乡规划法》 重新认识城乡规划学科——写在《城乡规划法》颁布一周年之际[N]．中国建设报．2008-01-28．

[150] 生态文明的发展历程[N]．永川日报，2007-11-20．

[151] 生态文明的兴起[OL]．2007-06-13．http：//blog．sina．com．cn/s/blog_49ecd8b7010008um．html

[152] "生态文明"向中国发展提出新要求[OL]．2007-11-22．http：//www．china．com．cn/environment/2007-11/22/content_9271561．htm

[153] 卫兴华，孙咏梅．对我国经济增长方式转变的新思考[D]．北京：清华大学，2007．

[154] 刘倩，柏禄逊．推动集约型发展[N/OL]．吉林日报，2009-05-16．http：//www．jlsina．com/news/2009-05-16/53101．shtml．

[155] 张勤．《城乡规划法》的时代背景及主要内容[OL]．今日国土，2008-5-25，http：//www．e71edu．com/web/Article/ShowArticle．asp？ArticleID=64

[156] "生态导向"的城市空间结构研究综述[OL]．2008-12-6．http：//www．863p．com/Construction/LandLI/200812/89964．html．

后 记

本书在极度的匆忙之中草成了。这本书的完成得益于我们这个团队共同完成的《武汉市生态空间体系保护规划》，以及相关的一系列研究工作。非常感谢中国城市规划设计研究院深圳分院的范钟铭、邹鹏、尹晓颖、郭旭东、普军等同志，他们在所参与的武汉市生态空间体系保护规划前期概念方案征集的研究中，完成了大量的工作，对武汉市生态用地总量的测算、生态空间管控的策略提出了诸多有益的建议，为我们的规划成果提供了重要的支撑。感谢武汉市委政研室的张河山、张友华等同志，他们2008年承担的武汉市生态补偿机制研究课题为我们在实施机制部分的研究提供了重要参考。

非常感谢武汉市规划局的张文彤、刘奇志、殷毅等领导，他们在中部崛起、快速城镇化和区级经济为主导的特殊社会经济背景下，勇敢地选择了武汉市生态空间体系保护规划这样一个迎难而上的课题，并大力地支持鼓励我们完成这项工作，体现了对城市长远利益保护和可持续发展的远见卓识。在规划编制的过程之中，对于"建"与"禁"，保护和发展的问题，在各区短期利益驱动下产生激烈的争议和反弹时，他们始终坚定地支持我们，协调了大量的矛盾问题，甚至甘冒诸多的风险，给我们以极大的鼓舞。感谢马文涵、余凤生等领导，他们在远城区规划管理矛盾最突出的第一线，面对各区急迫发展的强大压力，始终以武汉市生态空间体系保护规划为原则，坚定地按规划实施管理，尤令我们感动。

同时，也非常感谢武汉市城市规划设计研究院吴之凌院长，他不仅在规划编制过程中自始至终给予我们不懈的支持，在本书的撰写过程中也为我们提供了优越的条件，使我们能够在繁重的工作压力之下完成书稿并顺利出版。感谢规划院数字中心吴志华、潘聪等同志，在规划编制的过程中，运用GIS技术平台协助我们对武汉市域自然地貌和生态敏感性进行一系列评价工作；感谢武汉市土地规划设计研究院李延新同志提供许多相关的土地利用规划资料，为规划编制提供了重要的研究支撑。

感谢我们的家人，在我们几乎花费全部的工作之外的时间和精力完成书稿的日日夜夜，一直毫无怨言地承担着繁重的家务，他们的理解和支持，他们的奉献和关爱，是我们能坚持安心写作的最大精神动力。

感谢中国建筑工业出版社吴宇江先生为本书的出版所付出的辛勤劳动。

本书在撰写的过程中，参考了大量的经典著作、书籍以及论文，在此，也向原作者致以谢意。

何 梅

2009.8.26 于汉口